通风空间差异化环境保障方法

邵晓亮　李先庭　等著

中国建筑工业出版社

图书在版编目（CIP）数据

通风空间差异化环境保障方法 / 邵晓亮等著. — 北
京：中国建筑工业出版社，2024.3
ISBN 978-7-112-29716-0

Ⅰ. ①通⋯ Ⅱ. ①邵⋯ Ⅲ. ①室内空气-通风 Ⅳ.
①TU834

中国国家版本馆 CIP 数据核字（2024）第 059142 号

责任编辑：齐庆梅
文字编辑：武　洲
责任校对：赵　力

通风空间差异化环境保障方法

邵晓亮　李先庭　等著

*

中国建筑工业出版社出版、发行（北京海淀三里河路9号）

各地新华书店、建筑书店经销

北京鸿文瀚海文化传媒有限公司制版

北京中科印刷有限公司印刷

*

开本：787 毫米×1092 毫米　1/16　印张：12½　字数：310 千字
2024 年 3 月第一版　　2024 年 3 月第一次印刷
定价：**70.00** 元
ISBN 978-7-112-29716-0
（42342）

自序一

营造健康、舒适的室内空气环境是暖通空调专业的核心内容。传统通风空调致力于整体房间的均匀环境营造，但从 20 世纪 70 年代全球能源危机以来，众多学者开始研究以工作区为重点保障对象的节能通风方式，陆续提出了置换通风等先进气流组织形式，不再认为室内空气参数均匀一致，而是存在非均匀分布特征。在此背景下，我们开展了多年的室内空气流动和参数分布数值模拟方法的研究，对室内空气参数非均匀分布特征形成了清晰的认识。进入 21 世纪以来，世界范围内相继发生了一系列公共安全事件，包括炭疽事件、莫斯科剧院人质事件、SARS 疫情等，我们开始考虑应如何在有限时间内实现各送风口对局部占据区域人员的有效保护，如何降低初始或持续释放的污染物对局部区域人员的影响，基于此，我们开展了应急通风的研究，提出了描述送风、污染源和初始条件影响的可及性指标。随着研究的深入，我们充分认识到建筑环境保障应重点关注局部人员占据区域的真实空气质量，即进行以人为本、面向需求的室内环境营造。十多年前，恰逢北京奥运会等大型体育赛事蓬勃发展，针对体育场馆空间巨大，且比赛区和观众席对温度、湿度、风速等空气参数的需求存在差异的特点，我们提出应充分考虑人员在空间的真实占据情况，面向每个功能区域人员的差异化参数需求进行保障的观点，发展了面向需求的体育场馆环境评价体系。在上述研究的推动下，我们提出了建筑环境应营造面向需求的室内非均匀环境的概念。

从广义角度而言，面向需求的非均匀环境营造不仅仅是送风末端设计的问题，它涉及诸多方面：在需求层面，需要获取不同类型建筑空间的对象时空占据特征和对空气参数的个性化需求；在设计层面，需要明晰非均匀环境的负荷概念，针对非均匀环境进行不同品位的冷热源设计，建立非均匀环境营造效果的评价方法，开展面向非均匀环境的气流组织设计；在控制层面，需要实时定位人员的空间占据信息，实时辨识室内源（热、湿、污染源）的数量、位置、散发强度，面向多个位置或区域实时个性化需求进行通风空调的优化控制等。

在我的博士生邵晓亮之前，团队已开展了固定流场下的线性叠加原理的研究，对非均匀环境下室内任意位置参数的构成规律形成了较为深入的理解。从邵晓亮开始，团队开始尝试利用非均匀环境的相关规律进行非均匀环境的评价、设计、源辨识和送风优化调控，逐步取得了一系列研究成果。本书内容包含了邵晓亮博士期间和工作后团队围绕面向需求的非均匀环境营造若干关键问题开展研究形成的系列成果，是我们团队对于非均匀环境营造涉及的多个重要方面的首次系统性探索，对于非均匀环境营造体系的建立具有重要价值。

我们研究团队近年来在非均匀室内环境规律、设计、控制、非均匀负荷理论、低品位能源营造非均匀热环境等方面陆续取得了一系列进展，面向需求的非均匀环境概念逐渐得到国内外同行的认可。但面向需求的非均匀环境研究任重而道远，更多类型的非均匀环境通风空调形式有待提出，非均匀环境的智能感知技术和数据驱动的预测性控制技术有待研发，更多的工程实践有待开展。希望通过此书的出版，为同行理解非均匀环境提供参考，以期共同推动非均匀环境相关研究的发展，实现面向未来的低碳、智慧、健康、舒适的人居环境营造。

自序二

通风空调的重要任务之一是营造人员舒适、健康的室内环境。传统通风气流组织旨在营造全室空间或整体工作区内空气参数近似均匀一致的环境，主要保障人群平均意义的需求，但室内不同人员存在个性化的空气参数喜好，从达到更高使用者满意度的角度来看，理应营造不同占据位置或区域之间存在参数差异的个性化环境，即差异化的非均匀环境。此时，对传统整体环境的保障，将转变为对各目标位置或区域分布式环境的保障，对应存在一系列问题需要给出解决方案，包括：室内差异化非均匀环境的分布特征需要明晰；需要面向差异化需求进行气流组织设计；气流组织营造差异化非均匀环境的性能需要评价方法；面向非均匀环境控制的室内局部源的位置和强度需要辨识；送风参数需要兼顾室内多个目标位置或区域的差异化参数需求进行优化调节等。上述问题的解决，意味着面向差异化需求的分布式非均匀环境营造的实现。

近年来，清华大学李先庭教授在国际上率先提出了面向需求的非均匀环境概念，以期推进更加健康、舒适、个性化、灵活、智慧、节能的室内环境营造，实现以人为本、面向需求的宗旨。本书是在此背景下，通过团队近年研究总结而成的非均匀环境营造若干关键问题的初步成果，重点给出了差异化非均匀环境参数分布关系、差异化环境评价指标、非均匀环境室内源辨识方法、多目标位置需求的送风优化方法、面向差异化需求的气流分布方法。团队同期出版的《非均匀室内环境营造理论与方法》一书侧重于系统介绍非均匀室内环境营造的基础理论，而本书是在非均匀环境理论指导下，聚焦于共享通风空间中满足个性化、差异化需求目标的非均匀环境通风设计与控制方法的介绍。室内非均匀环境的研究尚处起步阶段，更多的理论、方法、技术需要研究，在不同类型建筑中的实践有待开展，希望本书可为同行开展相关工作提供一定的借鉴。

本书研究工作得到了国家自然科学基金面上项目（51878043）和国家自然科学基金青年科学基金项目（51508299）的资助，在此表示感谢。

本书由邵晓亮、李先庭、马晓钧、王欢、梁超、刘叶敏编写。感谢研究生石鹏雷、李梦新、温雪英、朱浩言、刘利伟、许金豹、李佟帆帮助整理了相关资料。

本书难免存在不严谨甚至错误之处，敬请批评指正。

邵晓亮

目 录

扫码可看书中部分彩图

（见文中 ＊ 标记）

主要符号表

1. 英文符号

符号	说明
$a_{C,j}^{i}$	第 i 个污染源对第 j 个读数的污染源可及度
$a_{C,p}^{n_C}(\tau)$	第 n_C 个污染源在时刻 τ 对任意位置 p 处的污染源可及度
$a_{C,p}^{n_C}$	第 n_C 个污染源对任意位置 p 处的稳态污染源可及度
$\widetilde{a}_{C,p}^{n_C}(j\Delta\tau)$	第 n_C 个污染源对任意位置 p 处的修正瞬态污染源可及度
$\widetilde{a}_{C,p}^{n_C}$	第 n_C 个污染源对任意位置 p 处的修正稳态污染源可及度
$a_{C,p}^{n_C\,*}(j\Delta\tau)$	存在自循环装置时,第 n_C 个污染源在第 j 个时间步对任意位置 p 处的污染源可及度
$a_{C,p}^{n_C\,*}$	存在自循环装置时,第 n_C 个污染源对任意位置 p 处的稳态污染源可及度
$a_{C,Rj}^{n_C}(\infty)$	第 n_C 个 CO_2 释放源对第 j 个风机盘管回风口的稳态污染源可及度
$a_{I,p}(\tau)$	初始污染物分布在时刻 τ 对任意位置 p 处的初始条件可及度
$\widetilde{a}_{I,p}(j\Delta\tau)$	初始污染物分布对任意位置 p 处的修正瞬态初始条件可及度
$a_{I,p}^{*}(j\Delta\tau)$	存在自循环装置时,初始污染物分布在第 j 个时间步对任意位置 p 处的初始条件可及度
$a_{I}^{n_I}(x,y,z,\tau)$	第 n_I 个分初始条件在时刻 τ 对任意位置的可及度
$a_{S,p}^{n_S}(\tau)$	来自第 n_S 个送风口的送风在时刻 τ 对任意位置 p 处的送风可及度
$a_{S,p}^{n_S}$	来自第 n_S 个送风口的送风对任意位置 p 处的稳态送风可及度
$\widetilde{a}_{S,p}^{n_S}(j\Delta\tau)$	来自第 n_S 个送风口的送风对任意位置 p 处的修正瞬态送风可及度
$\widetilde{a}_{S,p}^{n_S}$	来自第 n_S 个送风口的送风对任意位置 p 处的修正稳态送风可及度
$a_{S,p}^{n_S\,*}(j\Delta\tau)$	存在自循环装置时,来自第 n_S 个送风口的送风在第 j 个时间步对任意位置 p 处的送风可及度
$a_{S,p}^{n_S\,*}$	存在自循环装置时,来自第 n_S 个送风口的送风对任意位置 p 处的稳态送风可及度
$a_{Sr,p}^{n_{Sr}\,*}$	第 n_{Sr} 个空气自循环装置的出风对任意位置 p 处的稳态送风可及度
$a_{S,Rj}^{n_S}(\infty)$	第 n_S 个风机盘管送风口对第 j 个风机盘管回风口的稳态送风可及度
$C_E^{n_C}$	计算可及度指标时,稳态时的排风口平均污染物浓度
$C_E^{n_{Er}}(j\Delta\tau)$	第 n_{Er} 个自循环装置在第 j 个时间步的吸风口污染物浓度
$C_E^{n_{Er}}$	第 n_{Er} 个自循环装置吸风口的污染物浓度
C_j	第 j 个传感器读数
$C_m(\tau)$	第 m 个传感器在时刻 τ 采集的浓度
$\overline{C}_0$	初始时刻污染物的体平均浓度

符号	说明
C_{od}	室外新风浓度
$\overline{C_0^{n_I}}$	第 n_1 个分初始条件的体平均浓度
$C_p(\tau)$	室内任意位置 p 在时刻 τ 的污染物浓度
C_p	稳态情况下任意位置 p 处的污染物浓度
c_p	空气的比热容
$C_S^{n_S}$	来自第 n_S 个送风口的送风污染物浓度
$C_S^{n_S,0}$	第 n_S 个送风口在第 0 个时间步的脉冲污染物浓度
$C_{Sr}^{n_{Sr}}(i\Delta\tau)$	第 n_{Sr} 个自循环装置在第 i 个时间步的出风口污染物浓度
$C_{Sr}^{n_{Sr}}$	第 n_{Sr} 个自循环装置出风口的污染物浓度
$C(x,y,z,\tau)$	任意位置在时刻 τ 的污染物浓度
D_{im}	第 i 个组分的扩散系数
D_{max}	每个采样数据与对应预测浓度值差的绝对值的最大值
$dp_{i,j}(\tau)$	位置 i、j 在时刻 τ 的送风差异度
e_j	第 j 个传感器读数与预测浓度的偏差
$e_m(\tau)$	传感器在时刻 τ 的读数与预测浓度的偏差
J^i	第 i 个潜在源的辨识强度
J^{n_C}	第 n_C 个污染源的散发强度
$J_\phi^{n_C}$	第 n_C 个室内源的散发强度
M	传感器数量
m_1	占据区域的送风量
m_2	非占据区域的送风量
N	室内潜在源、保障位置数量或空气幕风机能耗
N_C	污染源数量
N_I	划分区域或分初始条件的数量
N_R	空气自循环装置数量
N_S	送风口数量
P	空气幕风压
Q	房间通风量
$Q_{curtain}$	有空气幕时的局部冷负荷
Q_{fj}	第 j 个风机盘管的新风量
Q_j	第 j 个风机盘管的送风量
Q_{mixing}	无空气幕时的局部冷负荷

符号	说明
Q_s	房间独立送风口的总送风量
Q_t	送风口和空气自循环装置的总风量
$RE1$	反映辨识方法对某释放场景辨识精度的平均相对误差指标
$RE2$	某传感器组合形式下,辨识方法对所有释放场景的平均辨识相对误差
$RE3$	某传感器数量下,辨识方法对不同传感器组合及所有释放场景的平均辨识相对误差
Ri	理查森数
SLT_j	滞后时间的判定指标
S_i	源项
Sc_t	湍流施密特数
t_o	占据区域的平均温度
t_{s1}	占据区域的送风温度
t_{s2}	非占据区域的送风温度
t_u	非占据区域的平均温度
U_j	时平均速度分量
V	空气幕风量
Y_i	第 i 个组分的浓度
$Y_{Sr,p}^{n_{Sr}*}[(j-i)\Delta\tau]$	任意位置 p 在第 j 个时间步对第 n_{Sr} 个空气自循环装置出风口在第 i 个时间步的送风响应系数

2. 希腊文符号

符号	说明
Γ_{Ceff}	等效扩散系数
$\eta_{n_{Er}}$	第 n_{Er} 个空气自循环装置的净化效率
η	风机效率
ε	空气幕效率
μ_i	湍流黏度
ρ	空气密度
$\Delta\tau$	时间间隔
τ_F	传感器网络第一个有效采样时刻相对于源释放时刻的滞后时间
τ_i	第 i 个位置的保障时刻
$\phi_{min}^{n_S}$	第 n_S 个送风口的送风参数下限值
$\phi_{max}^{n_S}$	第 n_S 个送风口的送风参数上限值
ϕ_o	通用空气参数 ϕ 的参考值

续表

符号	说明
$\overline{\phi_0^{n_{\mathrm{I}}}}$	第 n_{I} 个分初始条件的体平均值
$\phi_p(\tau)$	室内任意位置 p 在时刻 τ 的参数值
$\phi_{\mathrm{S}}^{n_{\mathrm{S}}}$	来自第 n_{S} 个送风口的送风参数值
$\phi_{\mathrm{set},i}(\tau_i)$	第 i 个位置的参数需求值
$\pm\Delta\phi_{\mathrm{set},i}(\tau_i)$	允许的参数波动范围

3. 缩略语

ADPI	空气分布特性指标
CFD	计算流体力学
DPSA	送风差异度
DR	吹风感指数
DV	置换通风
MV	混合通风
MSJO	多步联合优化
OSO	一步送风优化
PD	不满意百分比
PMV	预测平均投票率
PPD	预测不满意百分比
PV	个性化通风
RACS	修正污染源可及度
RASA	修正送风可及度
RTACS	修正瞬态污染源可及度
RTAIC	修正瞬态初始条件可及度
RTASA	修正瞬态送风可及度
TACS	污染源可及度
TAIC	初始条件可及度
TASA	送风可及度
TASIC	分初始条件可及度
UFAD	地板送风
VAV	变风量

第**1**章
绪　论

　　室内空气环境质量与人的舒适、健康、工作效率密切相关。随着经济的发展和人民生活水平的提高，人们对高质量室内空气环境的要求日益迫切，作为室内空气参数的重要调节手段，通风空调的相关研究日益受到重视。同时，建筑能耗已占我国社会总能耗的20%[1]，且呈现进一步上升趋势，其中通风空调系统能耗是重要组成部分[2]，切实降低通风空调系统能耗对于建筑节能至关重要。如何兼顾节能实现更高质量的室内环境保障是通风空调需要解决的关键问题。

　　通风气流组织作为通风空调的重要组成部分，承担着输送热、湿处理的新鲜空气及调节室内空气的任务，是室内空气环境营造的终端重要环节。传统室内环境营造采用混合通风形式，致力于均匀环境营造[3]，但由于新鲜空气送入人员呼吸区之前已被污染而使空气品质不佳，且由于需对整个空间进行保障而能耗较高。基于工作区保障思路，置换通风[4]、地板送风[5]、碰撞射流通风[6]、层式通风[7] 等通风气流组织陆续提出，经热、湿处理的新鲜空气直接输送至工作区内或附近，重点改善工作区热湿状况、空气品质，并具有一定的节能性。气流组织由整体保障到工作区保障的转变，提高了室内环境保障效果，但保障目标仍为室内所有人员的平均需求，尤其对热舒适而言，仅能满足一个"平均人"的热舒适，未能考虑不同人员客观存在的热环境喜好差异性。实际上，受年龄、性别、身体状况、活动量、衣着情况等多种因素影响，不同人员对热环境的喜好并不相同[3]，有时甚至差异显著，且个体喜好会随时间变化，由此存在同一共享空间中的人员对热环境参数的不同需求。

　　除热喜好差异外，不同位置的需求差异普遍存在于不同功能建筑空间：工业建筑中，不同位置工艺流程对温、湿度、洁净度要求不同[8]；洁净手术室中，手术台区域洁净度等级与其他局部区域不同[9]；体育场馆中，比赛区与观众席对空气参数的要求不同[10]；火灾等应急疏散情况下，人员逃生通道与其他区域对烟气浓度等参数的要求不同[11]；博物馆中，不同位置放置的不同种类文物对温、湿度的要求不同[12]。随着对不同类型建筑环境实际需求认识的逐步深入，如何同时保障存在差异的多位置参数需求，是室内环境营造面临的重要问题。面向多位置不同参数需求营造的室内环境，不再是整个空间或工作区近似均匀一致的环境，而是各保障位置或区域参数存在差异的"差异化环境""非均匀环境"。

　　在均匀环境营造方式下，气流组织主要面向空间或工作区整体参数保障进行设计，主要针对传感器位置进行单目标参数控制，室内源的总释放强度是主要考虑因素。但在差异化非均匀环境营造目标下，气流组织面向多个占据位置或区域参数同时进行设计，参数控制需针对多位置、多目标参数进行同时控制，在流场输运作用下，不同位置释放源对同一位置参数的影响差异显著，因此，需充分考虑室内源的数量、位置、强度的综合影响。上述差异使非均匀环境营造在预测、评价、设计、控制等方面与现有营造方法不同。室内环境参数分布是由送风、多源、多汇等众多因素综合作用的复杂结果，瞬时参数分布还受初始参数分布影响，该复杂性决定了同一共享空间中不同位置参数之间存在强烈的耦合作用，任一边界因素的改变均会对多个目标位置参数同时产生不同程度的影响。因此，要实现有效的多位置或区域差异化非均匀环境营造，需要明晰室内参数非均匀分布的规律和不同位置参数的相互影响特征，进而指导面向多位置需求的气流组织设计和参数控制。

有效预测室内非均匀参数分布是认识室内环境构成规律、进行差异化非均匀环境设计和控制的基础。计算流体力学（Computational Fluid Dynamics，CFD）是当今普遍采用的预测方法，可通过设定边界条件模拟迭代获得详细的三维场分布信息[13,14]，但CFD仅能通过有限个算例的计算获得已知边界条件下的结果，无法清晰揭示各送风口、各室内源和初始条件分别对室内非均匀环境的定量影响，进而无法指导室内非均匀环境的影响因素调节。事实上，室内环境往往都具有一定的非均匀分布特征，现有可用于评价非均匀性的指标包括温度、湿度、风速等基本参数的场分布和不均匀系数指标，评价气流分布性能的ADPI（Air Diffusion Performance Index）指标，评价各位置空气新鲜程度的空气龄指标和换气效率指标，评价整体热舒适水平的PMV（Predicted Mean Vote）、PPD（Predicted Percentage of Dissatisfied）指标等[15,16]，上述指标主要用于评价考虑参数非均匀性的通风空间整体保障性能，并不区分各影响因素对不同位置或区域的独立影响。因此，非均匀环境的规律认识和评价方法需要建立。

为实现各人员占据的局部区域的高效输送新风和个性化保障，相关学者提出个性化通风的理念[17,18]，通过在每个工位安装个性化送风末端，可将经热、湿处理的新风直接输送至工位区域，且每个个性化末端送风参数可独立调节，实现了各工位区域独立的微环境营造。Melikov 等[19]、Khalifa 等[20]、Tham 和 Pantelic[21]、Pan 等[22] 开发了不同类型的个性化末端装置，对个性化保障性能进行研究。Li 等[23] 对个性化通风与背景地板送风联合形式在热湿气候区的热环境保障水平开展了受试者实验。Kaczmarczyk 等[24] 对偏凉房间输送偏暖面部气流的热舒适性开展了受试者实验。现有研究充分证实了个性化通风在个性化非均匀环境营造方面的良好性能，但面向实际应用存在如下问题：①需额外增加一套背景通风空调系统，致使整个系统结构复杂，成本较高；②需在工作区安装风道和个性化送风末端，占据工作区使用空间，在一定程度上影响美观；③当室内人员密度很高时，为每个人均安装个性化送风末端和风道并不现实；④仅能控制工位区域的局部热环境，当人员远离工位时保障困难。虽然相关学者[25] 提出在人员头部上方的顶棚位置布置个性化送风末端以解决占据工作区的问题，但个性化通风存在的多项局限性也意味着在实际各种受限条件下，有必要研究更多种类面向多位置或区域的非均匀环境气流分布形式。为避免影响建筑空间的使用，送风口更多将安装于顶棚或侧墙等离开人员占据区域的位置，安装形式与常规混合通风、置换通风等气流分布系统类似，但为满足各位置的不同参数，需要不同送风口的送风参数可独立调节。由于个性化通风下的送风末端靠近人员，送风射流可高效调控目标位置的参数；但当送风口安装在墙壁等远离人员的位置时，送风口送风参数的改变将同时对多个人员位置产生不同程度的影响，从而导致不同位置参数调节过程相互影响，耦合关系十分严重，此时在可调节的送风参数范围内，各保障位置和区域彼此之间的参数是否仍可营造出较大差异，关系到非均匀环境的营造水平。

室内环境通常进行反馈调节，即将传感器读数与设定值进行比较，根据偏差确定下一步的送风参数调节量[26]，但反馈调节容易产生因超调引起的振荡问题[27]。为更好的进行环境控制，相关学者提出了预测性控制（或基于预测的最优化控制）方法，主要思路为首先建立一个控制参数与控制信号、外部扰量的关系式，将其嵌入按照指定目标建立的优化模型中，通过前几步已知的参数信息，预测之后几步的控制信号[28-32]，该方法的控制对象为整个房间，通过选取某代表位置（一般为回风口）作为传感器布置位置进行单点控制；但当进行非均匀环境营造时，需对多个位置进行调控，且各位置目标参数存在差异，此时传统的单位置控制方法将难以发挥作用。

作者针对差异化非均匀环境营造涉及的参数规律预测与评价、气流分布设计、多位置参数调节等方面的问题开展研究，基于取得的研究成果撰写了此书，内容包括：第 2 章介绍差异化室内环境参数分布规律，第 3 章介绍考虑室内存在气流循环装置下的参数分布规律，第 4 章介绍通风空间可实现参数差异程度的评价指标，第 5 章介绍室内多源位置和释放量的辨识方法，第 6 章介绍面向多位置差异化参数需求的送风优化方法，第 7 章探讨典型气流组织下差异化多区热环境的实现潜力，第 8 章探讨空气幕安装在室内空间中实现区域空气分隔的有效性，第 9 章为总结与展望。

第 1 章参考文献

［1］清华大学建筑节能研究中心 . 中国建筑节能年度发展研究报告 2016 ［M］. 北京：中国建筑工业出版社，2016.

［2］Cao G，Awbi H，Yao R，et al. A review of the performance of different ventilation and airflow distribution systems in buildings ［J］. Building and Environment，2014，73：171-186.

［3］Melikov A K. Advanced air distribution：improving health and comfort while reducing energy use ［J］. Indoor Air，2016，26：112-124.

［4］Lee C K，Lam H N. Computer modeling of displacement ventilation systems based on plume rise in stratified environment ［J］. Energy and Buildings，2007，39：427-436.

［5］Alajmi A，El-Amer W. Saving energy by using underfloor-air-distribution（UFAD）system in commercial buildings ［J］. Energy Conversion and Management，2010，51（8）：1637-1642.

［6］Karimipanah T，Awbi H. Theoretical and experimental investigation of impinging jet ventilation and comparison with wall displacement ventilation ［J］. Building and Environment，2002，37：1329-1342.

［7］Cheng Y，Lin Z. Experimental investigation into the interaction between the human body and room airflow and its effect on thermal comfort under stratum ventilation ［J］. Indoor Air，2016，26：274-285.

［8］林东安 . TFT 洁净厂房设计优化 ［J］. 洁净与空调技术，1999，3：33-40.

［9］李先庭，杨建荣，王小亮 . 用 CFD 方法评价乱流洁净手术室的洁净等级 ［J］. 洁净与空调技术，2001，4：18-21.

[10] 赵彬，李先庭，马晓钧，等．体育馆类高大空间的气流组织设计难点及对策［J］．制冷与空调，2002，2（2）：10-14.

[11] Gao R，Li A，Lei W，et al. A novel evacuation passageway formed by a breathing air supply zone combined with upward ventilation［J］. Physica A，2013，392：4793-4803.

[12] 故宫博物院．倦勤斋研究与保护［M］．北京：紫禁城出版社，2010.

[13] Chen Q，Xu W. A zero-equation turbulence model for indoor airflow simulation［J］. Energy and Buildings，1998，28：137-144.

[14] Zhai Z. Application of computational fluid dynamics in building design：Aspects and trends［J］. Indoor and Built Environment，2006，15（4）：305-313.

[15] 李先庭，赵彬．室内空气流动数值模拟［M］．北京：机械工业出版社，2009.

[16] ISO 7730. Ergonomics of the thermal environment-analytical determination and interpretation of thermal comfort using calculation of the PMV and PPD indices and local thermal comfort criteria［S］. International Standards Organization，Geneva，2005.

[17] Fanger P O. Human requirements in future air conditioned environments：A search for excellence ［C］. In：Proceedings of the 3rd ISHVAC. Shenzhen，1999.

[18] Melikov A K. Design of localised ventilation［C］. In：Proceedings of the 20th International Congress of Refrigeration. IIR/IIF，Sydney，Australia，1999.

[19] Melikov A K，Cermak R，Mayer M. Personalized ventilation：evaluation of different air terminal devices［J］. Energy and Buildings，2002，34（8）：829-836.

[20] Khalifa H E，Janos M I，Dannenhoffer J F. Experimental investigation of reduced-mixing personal ventilation jets［J］. Building and Environment，2009，44：1551-1558.

[21] Tham K W，Pantelic J. Performance evaluation of the coupling of a desktop personalized ventilation air terminal device and desk mounted fans［J］. Building and Environment，2010，45：1941-1950.

[22] Pan C S，Chiang H C，Yen M C，et al. Thermal comfort and energy saving of a personalized PFCU air-conditioning system［J］. Energy and Buildings，2005，37：443-449.

[23] Li R，Sekhar S C，Melikov A K. Thermal comfort and IAQ assessment of under-floor air distribution system integrated with personalized ventilation in hot and humid climate［J］. Building and Environment，2010，45：1906-1913.

[24] Kaczmarczyk J，Melikov A K，Sliva D. Effect of warm air supplied facially on occupants comfort ［J］. Building and Environment，2010，45：848-855.

[25] Yang B，Sekhar S C，Melikov A K. Ceiling-mounted personalized ventilation system integrated with a secondary air distribution system-a human response study in hot and humid climate［J］. Indoor Air，2010，20：309-319.

[26] Underwood C P. HVAC control systems：Modelling，analysis and design［M］. London：E & FN Spon，1999.

[27] Franklin G F，Powell J D，Emami-Naeini A. Feedback control of dynamic systems［M］. New Jersey：Pearson prentice hall，2002.

[28] Freire R Z，Oliveira G H C，Mendes N. Predictive controllers for thermal comfort optimization and energy savings［J］. Energy and Buildings，2008，40：1353-1365.

[29] Keblawi A，Ghaddar N，Ghali K. Model-based optimal supervisory control of chilled ceiling displacement ventilation system［J］. Energy and Buildings，2011，43：1359-1370.

[30] Kalogirou S A. Applications of artificial neural-networks for energy systems［J］. Applied Energy，2000，67：17-35.

［31］ Aggarwal R K, Sharma J D. Energy analysis of a building using artificial neural network: A review Rajesh Kumara ［J］. Energy and Buildings, 2013, 65: 352-358.

［32］ Wang S W, Jin X Q. Model-based optimal control of VAV air-conditioning system using genetic algorithm ［J］. Building and Environment, 2000, 35: 471-487.

第 **2** 章
差异化室内环境参数分布规律

2.1 概述

　　通风空调房间的空气环境是由各送风口、室内源、初始参数分布等共同构建的复杂非均匀分布环境，明晰该复杂环境下的分布参数构成特征，厘清主导影响因素，对于构建按需求目标的差异化非均匀室内环境具有重要意义。当室内特定通风气流组织下的流场变化较小时，可假设流场固定，此时，室内非均匀参数分布将符合线性叠加原理，送风、室内源等每个影响因素对室内环境形成的影响程度将可独立拆分，这将有利于迅速分辨影响室内环境的主次因素。即使风量变化较大的情况，也可根据实际情况将变化风量离散为几种代表性的风量组合，而将每种风量组合下的流场均视为一种特定的固定流场。本章首先介绍描述某一影响因素瞬态影响的可及度指标和基于可及度的线性叠加关系式，之后重点介绍任意初始条件瞬态影响的叠加方法，考虑到温差和密度差引起的浮升力对流场和线性叠加规律的影响，分析了热源参数变化和送风输运重气时线性叠加表达式的预测可靠性。

2.2 室内差异化环境构成的叠加原理

　　通风空调房间的空气参数分布是在空气流动输运作用下形成的，各类空气组分含量一般可通过组分输运方程进行求解：

$$\frac{\partial(\rho Y_i)}{\partial t} + \frac{\partial(\rho Y_i U_j)}{\partial x_j} = \frac{\partial}{\partial x_j}\left[\left(\rho D_{i,m} + \frac{\mu_t}{Sc_t}\right)\frac{\partial Y_i}{\partial x_j}\right] + S_i \tag{2-1}$$

式中，ρ——空气密度；

　　　Y_i——第 i 个组分的浓度；

　　　U_j——时平均速度分量；

　　　$D_{i,m}$——第 i 个组分的扩散系数；

　　　μ_t——湍流黏度；

　　　Sc_t——湍流施密特数，默认值为 0.7；

　　　S_i——源项。

　　当流场相对稳定时，可假设流场固定。在可认为组分被动输运的情况下，可采用线性叠加原理对各因素的瞬态影响进行拆分，如图 2-1 所示。

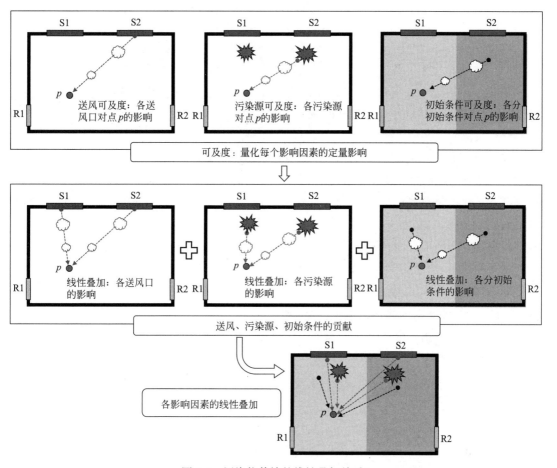

图 2-1 污染物传输的线性叠加关系*

在由 N_S 个送风口、N_C 个污染源和初始污染物分布构成的通风污染物传输条件下，室内任意位置 p 的瞬态污染物浓度可表达为[1]：

$$C_p(\tau) = \sum_{n_S=1}^{N_S} \left[C_S^{n_S} a_{S,p}^{n_S}(\tau) \right] + \sum_{n_C=1}^{N_C} \left[\frac{J^{n_C}}{Q} a_{C,p}^{n_C}(\tau) \right] + \overline{C}_0 a_{I,p}(\tau) \tag{2-2}$$

式中，$C_p(\tau)$——室内任意位置 p 在时刻 τ 的污染物浓度；

$\quad C_S^{n_S}$——来自第 n_S 个送风口的送风污染物浓度；

$\quad J^{n_C}$——第 n_C 个污染源的散发强度；

$\quad \overline{C}_0$——初始时刻污染物的体平均浓度；

$\quad Q$——房间通风量；

N_S、N_C——送风口和污染源数量；

$a_{S,p}^{n_S}(\tau)$——来自第 n_S 个送风口的送风在时刻 τ 对任意位置 p 处的送风可及度 （Transient Accessibility of Supply Air，TASA）；

$a_{C,p}^{n_C}(\tau)$——第 n_C 个污染源在时刻 τ 对任意位置 p 处的污染源可及度 （Transient Accessibility of Contaminant Source，TACS）；

$a_{\mathrm{I},p}(\tau)$——初始污染物分布在时刻 τ 对任意位置 p 处的初始条件可及度（Transient Accessibility of Initial Condition，TAIC）。

其中，送风可及度、污染源可及度和初始条件可及度定义如下：

（1）送风可及度：固定流场下，保持室内无散发源，边壁绝质，无初始浓度分布。从 0 时刻起，由第 n_{S} 个送风口以送风浓度 $\widetilde{C}_{\mathrm{S}}^{n_{\mathrm{S}}}$ 向室内持续输送污染物，其他送风口不输送污染物，则空间任意位置 p 处在任意时刻 τ 的送风可及度定义为：

$$a_{\mathrm{S},p}^{n_{\mathrm{S}}}(\tau)=\frac{\widetilde{C}_p(\tau)}{\widetilde{C}_{\mathrm{S}}^{n_{\mathrm{S}}}} \tag{2-3}$$

式中，$\widetilde{C}_p(\tau)$——室内任意位置 p 处在时刻 τ 的污染物浓度。

（2）污染源可及度：固定流场下，保持送风浓度为 0，边壁绝质，无初始浓度分布。从 0 时刻起，由第 n_{C} 个污染源以散发强度 $\widetilde{J}^{n_{\mathrm{C}}}$ 向室内持续释放污染物，其他污染源不释放该污染物，则空间任意位置 p 处在任意时刻 τ 的污染源可及度定义为：

$$a_{\mathrm{C},p}^{n_{\mathrm{C}}}(\tau)=\frac{\widetilde{C}_p(\tau)}{\widetilde{C}_{\mathrm{E}}^{n_{\mathrm{C}}}}, \quad \widetilde{C}_{\mathrm{E}}^{n_{\mathrm{C}}}=\frac{\widetilde{J}^{n_{\mathrm{C}}}}{Q} \tag{2-4}$$

式中，$\widetilde{C}_{\mathrm{E}}^{n_{\mathrm{C}}}$——稳态时的排风口平均污染物浓度。

（3）初始条件可及度：固定流场下，保持送风浓度为 0，污染源强度为 0，边壁绝质。初始时刻室内存在一个某特定特征的污染物分布，则此后空间任意位置 p 处在任意时刻 τ 的初始条件可及度定义为：

$$a_{\mathrm{I},p}(\tau)=\frac{\widetilde{C}_p(\tau)}{\widetilde{\widetilde{C}}_0} \tag{2-5}$$

式中，$\widetilde{\widetilde{C}}_0$——初始时刻污染物的体平均浓度。

送风可及度、污染源可及度和初始条件可及度为反映流场特征的无量纲指标，仅与流场、污染源位置、初始污染物分布特征有关，与送风污染物浓度、污染源强度、初始污染物浓度的具体数值无关，因此可利用上述指标对各送风口的有效作用范围、各污染源的影响区域、初始污染的影响范围进行评价。可及度指标可通过实验或者模拟方法获得。

2.3 任意初始条件瞬态影响的叠加关系

2.3.1 任意初始条件瞬态影响关系式

室内通常存在多个送风口和多个参数释放源，因此式（2-2）将送风和污染源的贡献处理为每个送风口或源单独贡献的叠加，能够很好地适应各送风口送风浓度、室内源散发强度多变的情况。但房间初始参数条件只有一个，无法直接拆分为多个部分的贡献叠加，这将导致式（2-2）对初始条件在之后时刻对空间污染的预测难以适应实际初始分布特征多变的情况。类比送风和污染源贡献的处理方法，若将整个空间划分为若干个区域，对应的，初始参数分布可视作每个区域初始分布的组合，此时，如果整体初始分布的贡献等于各区域"分初始分布"单独作用贡献的叠加，则对初始分布整体特征保持不变的要求，将可变为要求各区域内部分布特征保持不变,而后者更容易近似满足(特征完全不变难实现),进而对实际多变的初始分布特征的瞬态影响预测的适应能力将显著提升。

将整个房间划分为一定数量的区域,如图2-2所示。初始条件相应的分为若干分初始条件。对于每个分初始条件,目标区域污染物分布与实际初始条件相同,而其他区域污染物浓度为0。

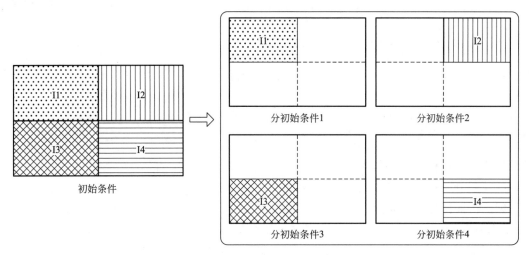

图2-2 初始条件划分示意图

将所划分区域或分初始条件的数量设置为 N_I。假设初始条件和第 n_I 个分初始条件在任意位置的初始浓度分别为 $C(x, y, z, 0)$ 和 $C_{n_I}(x, y, z, 0)$。初始条件和分初始条件之间的关系为:

$$C(x, y, z, 0) = \sum_{n_1=1}^{N_I} C_{n_I}(x, y, z, 0) \tag{2-6}$$

当送风污染物浓度和所有污染源强度为0时,任意位置的瞬态浓度由组分输运方程式(2-7)决定:

$$\frac{\partial \rho C(x, y, z, \tau)}{\partial \tau} + \frac{\partial \rho C(x, y, z, \tau) U_j}{\partial x_j} = \frac{\partial}{\partial x_j} \left[\Gamma_{Ceff} \frac{\partial C(x, y, z, \tau)}{\partial x_j} \right] \tag{2-7}$$

初始条件: $C(x, y, z, \tau)|_{\tau=0} = C(x, y, z, 0)$

式中, ρ——空气密度(kg/m³);

$C(x, y, z, \tau)$——任意位置在时刻 τ 的污染物浓度(kg/m³);

U_j——时平均速度分量(m/s);

Γ_{Ceff}——等效扩散系数[kg/(m·s)]。

若房间中只存在第 n 个分初始条件,任意位置的瞬态浓度表示为:

$$\frac{\partial \rho C_{n_I}(x, y, z, \tau)}{\partial \tau} + \frac{\partial \rho C_{n_I}(x, y, z, \tau) U_j}{\partial x_j} = \frac{\partial}{\partial x_j} \left[\Gamma_{Ceff} \frac{\partial C_{n_I}(x, y, z, \tau)}{\partial x_j} \right] \tag{2-8}$$

初始条件: $C(x, y, z, \tau)|_{\tau=0} = C_{n_I}(x, y, z, 0)$

舒适性通风空调房间的多数气体污染物含量很低,对空气密度影响较小,可视为被动输运,流场在一段时间内可认为是稳定的,此时,式(2-7)和式(2-8)中的空气密度 ρ

和等效扩散系数 Γ_{Ceff} 相等。将 N_I 个分初始条件影响下的瞬态浓度控制方程左右两边分别相加，可得式（2-9）：

$$\frac{\partial \rho \sum_{n_I=1}^{N_I} C_{n_I}(x,\ y,\ z,\ \tau)}{\partial \tau} + \frac{\partial \rho \sum_{n_I=1}^{N_I} C_{n_I}(x,\ y,\ z,\ \tau)U_j}{\partial x_j} = \frac{\partial}{\partial x_j}\left[\Gamma_{Ceff}\frac{\partial \sum_{n_I=1}^{N_I} C_{n_I}(x,\ y,\ z,\ \tau)}{\partial x_j}\right] \quad (2\text{-}9)$$

初始条件：$C(x,\ y,\ z,\ \tau)\big|_{\tau=0} = \sum_{n_I=1}^{N_I} C_{n_I}(x,\ y,\ z,\ 0) = C(x,\ y,\ z,\ 0)$

在稳定流动下，比较式（2-7）与式（2-9），可得：

$$C(x,\ y,\ z,\ \tau) = \sum_{n_I=1}^{N_I} C_{n_I}(x,\ y,\ z,\ \tau) \quad (2\text{-}10)$$

式（2-10）表明，固定流场下由初始条件引起的瞬态浓度等于由每个分初始条件引起的瞬态浓度的总和。为了实现快速预测，应提前计算每个分初始条件的可及度，并将其体现在式（2-10）中。由于此时的初始条件可及度并非针对整个初始条件，而是各分初始条件，因此将该指标命名为分初始条件可及度（Transient Accessibility of Sub-Initial Condition，TASIC）。若用于分初始条件可及度计算的第 n_I 个选定初始条件与要进行瞬态影响预测的真实分初始条件之间满足浓度分布相似性，则第 n_I 个分初始条件的可及度可用式（2-5）计算得到，标记为 $a_I^{n_I}(x,\ y,\ z,\ \tau)$，第 n_I 个分初始条件对任意位置的瞬态影响可表示为：

$$C_{n_I}(x,\ y,\ z,\ \tau) = \overline{C_0^{n_I}} \cdot a_I^{n_I}(x,\ y,\ z,\ \tau) \quad (2\text{-}11)$$

式中，　　　$\overline{C_0^{n_I}}$——第 n_I 个分初始条件的体平均浓度（kg/m³）；

$a_I^{n_I}(x,\ y,\ z,\ \tau)$——第 n_I 个分初始条件在时刻 τ 对任意位置的可及度。

将式（2-11）代入式（2-10），可得[2]：

$$C(x,\ y,\ z,\ \tau) = \sum_{n_I=1}^{N_I} \overline{C_0^{n_I}} \cdot a_I^{n_I}(x,\ y,\ z,\ \tau) \quad (2\text{-}12)$$

分初始条件可及度的计算可提前准备，因此，在实际初始条件影响瞬态预测过程中，可避免类似 CFD 模拟的耗时迭代过程，仅需进行简单的代数计算，求解时间很短。

基于式（2-12），式（2-2）可进一步完善为适应多变送风污染物浓度、污染源强度、初始污染物分布的式（2-13）：

$$C_p(\tau) = \sum_{n_S=1}^{N_S}\left[C_S^{n_S} a_{S,p}^{n_S}(\tau)\right] + \sum_{n_C=1}^{N_C}\left[\frac{J^{n_C}}{Q} a_{C,p}^{n_C}(\tau)\right] + \sum_{n_I=1}^{N_I}\left[\overline{C_0^{n_I}} a_{I,p}^{n_I}(\tau)\right] \quad (2\text{-}13)$$

设计数值算例验证式（2-12）的可靠性。通风房间的示意图如图 2-3 所示。房间尺寸为 4m（X）×2.5m（Y）×3m（Z），设有两个送风口（S1 和 S2）和两个排风口（E1 和 E2），等温工况。送风温度和速度分别为 20℃ 和 1m/s（换气次数为 9.6h⁻¹）。假设一种代表性的被动气体分布在房间，送风浓度为 0，室内无污染源，墙壁绝热绝质。风口的详细位置如表 2-1 所示。

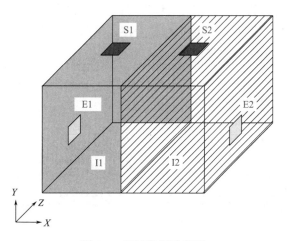

图 2-3 通风房间示意图

风口位置 表 2-1

风口	起点坐标			终点坐标		
	X_S(m)	Y_S(m)	Z_S(m)	X_E(m)	Y_E(m)	Z_E(m)
S1	0.90	2.50	1.40	1.10	2.50	1.60
S2	2.90	2.50	1.40	3.10	2.50	1.60
E1	0	0.20	1.40	0	0.40	1.60
E2	4.00	0.20	1.40	4.00	0.40	1.60

式（2-12）成立的前提条件是划分的各区域内部初始污染物分布特征恒定，只要该条件满足，则无论房间划分为多少个区域、各区域内部浓度为何值，式（2-12）均成立。据此，在验证算例中仅将房间均匀划分为左右两区域（记为 I1 和 I2），每个区域初始污染物均匀分布。设定区域 I1 中初始浓度为 3mg/kg，区域 I2 中初始浓度为 7mg/kg。在室内 $Z = 1.5$m 平面上均匀选取 9 个位置（记为 P1～P9）进行考察，具体位置分布见图 2-4。

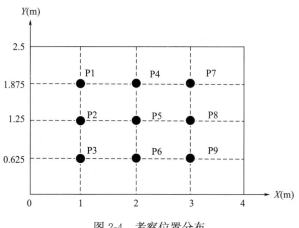

图 2-4 考察位置分布

　　采用清华大学开发的软件 STACH-3 计算室内流场和瞬态可及度，采用线性叠加关系〔式（2-12）〕预测结果与直接 CFD 模拟结果对比，见图 2-5。可以看出，预测结果与 CFD 模拟结果相比具有相同精度，预测可靠。

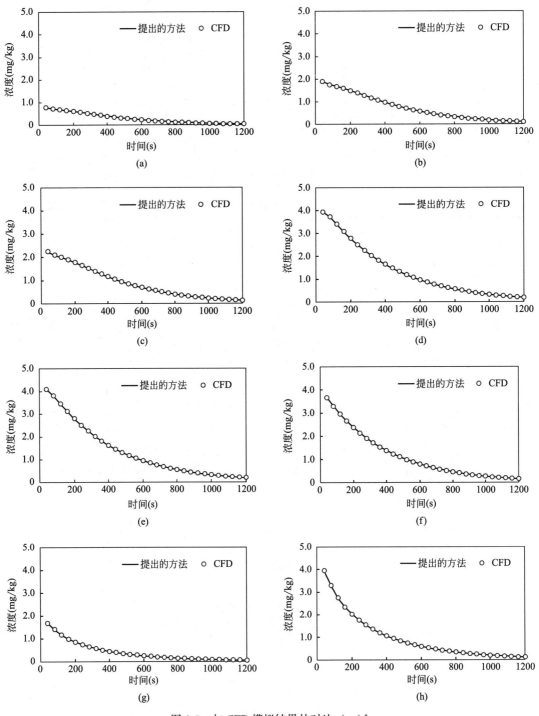

图 2-5　与 CFD 模拟结果的对比（一）*
（a）P1；（b）P2；（c）P3；（d）P4；（e）P5；（f）P6；（g）P7；（h）P8

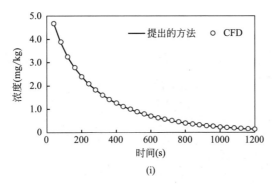

图 2-5 与 CFD 模拟结果的对比（二）*

(i) P9

2.3.2 初始污染物分布可知时初始区域均匀化方法可靠性

式（2-12）成立的前提条件为各区域内部初始污染物分布特征始终保持不变，但该前提在实际不断变化的污染物分布条件下很难严格满足，因此，实际应用该式时，仍会因区域内部初始特征变化而存在预测偏差。为使式（2-12）适用于实际预测，应为分初始条件可及度计算确定一个代表性的初始条件。可选择区域均匀性分初始条件特征，即认为每个分初始条件的相应区域中污染物分布均匀，而其他区域中没有污染物的初始条件。此时，如果每个实际分初始条件的相应区域中的污染物分布也是均匀或近似均匀的，则将满足初始浓度分布的相似性，式（2-12）的预测精度将接近直接 CFD 模拟。由于实际通风房间污染物分布往往是不均匀的，每个区域内的污染物分布也不均匀，因此，对区域污染物进行均匀化处理将存在偏差，偏差的大小与诸多因素有关，如划分区域数量、初始条件的不均匀程度和预测时间。划分区域数越多，每个区域体积将越小，区域内部污染物分布将越均匀，不同初始场景下的初始分布特征将越趋近于一致，此时，预测偏差预期将越小；反之则越大。因此，从预测精度方面考虑，应尽可能多的划分区域。但应用式（2-12）之前，需预先通过若干次 CFD 模拟求得各分初始条件可及度，划分区域越多，可及度计算工作量越大，越耗时。综上所述，实际房间区域划分数量的选取应兼顾预测精度和计算耗时。

实际进行分初始条件影响预测时，需要首先已知分初始条件，当离线进行大量不同的初始条件的瞬态影响预测，指导通风系统设计时，初始条件会人为指定；而当在线进行预测时，需要实时快速获得初始条件，之后进行快速影响预测。如果当前初始污染物分布条件是由已知送风和污染源边界条件经过一段时间的污染物传播所导致，则可通过某些快速预测方法基于已知的边界条件及时获得当前的初始条件，进而进行区域平均化和初始条件瞬态影响预测。在该种初始条件获得方法下，对初始条件进行区域均匀化处理的瞬态影响预测精度进行数值分析。房间模型如图 2-3 所示，污染物源设置在位置 $X = 1m$、$Y = 1.05m$、$Z = 1.5m$ 处。通过在不同边界条件处连续释放污染物，构建了 4 种不同特征的初始条件（IC1～IC4）进行分析：IC1 以 1mg/kg 的送风浓度从送风口 S1 释放 50s；IC2 以 1mg/kg 的送风浓度从送风口 S1 释放 800s；IC3 以 4.74×10^{-2} mg/s 的速率从污染源释放 50s；IC4 以 4.74×10^{-2} mg/s 的速率从污染源释放 800s。IC1～IC4 的分布（单位：g/kg）

如图 2-6 所示。

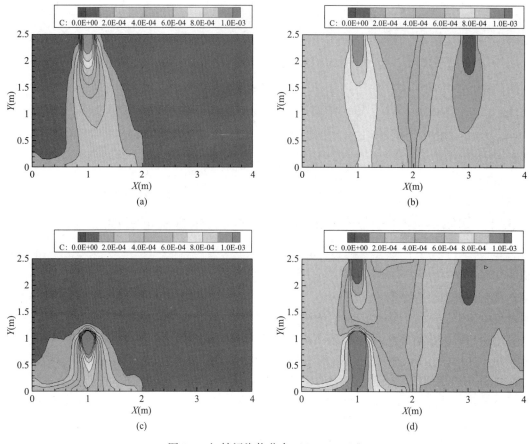

图 2-6 初始污染物分布（$Z=1.5\text{m}$）*
(a) IC1；(b) IC2；(c) IC3；(d) IC4

对于每个初始条件，选择 5 种类型的分区方案进行计算：1 个分区（$1\times1\times1$）、2 个分区（$2\times1\times1$）、12 个分区（$3\times2\times2$）、140 个分区（$7\times4\times5$）和 3600 个分区（$20\times12\times15$）。根据不同的初始条件和区域数量，确定了 20 个算例，如表 2-2 所示。对于每种算例，分别通过 CFD 模拟和提出的方法进行 1200s 的瞬态预测，采用提出方法预测的各时刻浓度相对于该时刻 CFD 模拟得到的浓度的相对偏差结果见图 2-7 和图 2-8。

初始分布可知时的算例设置   表 2-2

算例	初始条件	区域数量
1-a	IC1	1($1\times1\times1$)
1-b	IC1	2($2\times1\times1$)
1-c	IC1	12($3\times2\times2$)
1-d	IC1	140($7\times4\times5$)
1-e	IC1	3600($20\times12\times15$)
2-a	IC2	1($1\times1\times1$)

算例	初始条件	区域数量
2-b	IC2	2(2×1×1)
2-c	IC2	12(3×2×2)
2-d	IC2	140(7×4×5)
2-e	IC2	3600(20×12×15)
3-a	IC3	1(1×1×1)
3-b	IC3	2(2×1×1)
3-c	IC3	12(3×2×2)
3-d	IC3	140(7×4×5)
3-e	IC3	3600(20×12×15)
4-a	IC4	1(1×1×1)
4-b	IC4	2(2×1×1)
4-c	IC4	12(3×2×2)
4-d	IC4	140(7×4×5)
4-e	IC4	3600(20×12×15)

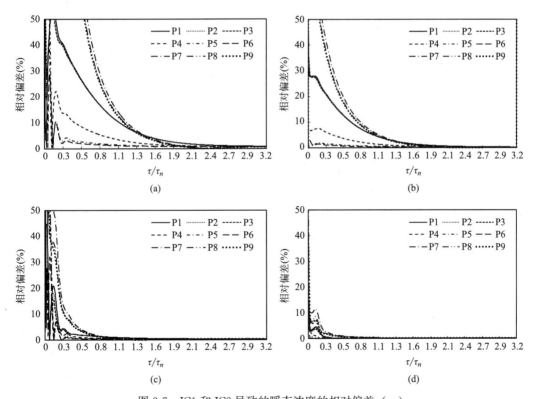

图 2-7 IC1 和 IC2 导致的瞬态浓度的相对偏差（一）

(a) 算例 1-a；(b) 算例 2-a；(c) 算例 1-b；(d) 算例 2-b

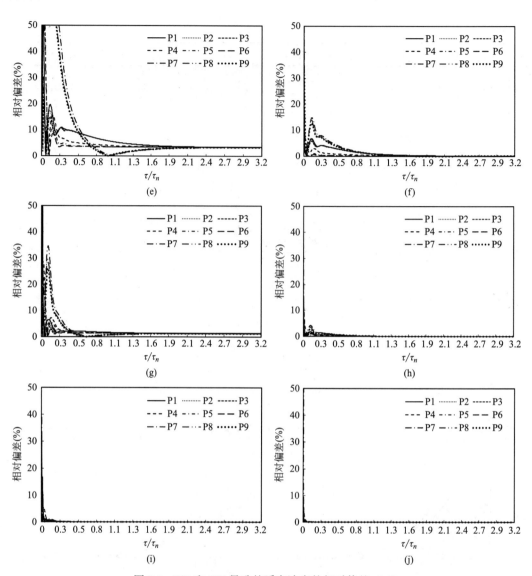

图 2-7　IC1 和 IC2 导致的瞬态浓度的相对偏差（二）

（e）算例 1-c；（f）算例 2-c；（g）算例 1-d；（h）算例 2-d；（i）算例 1-e；（j）算例 2-e

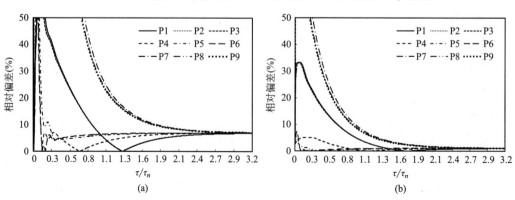

图 2-8　IC3 和 IC4 导致的瞬态浓度的相对偏差（一）

（a）算例 3-a；（b）算例 4-a

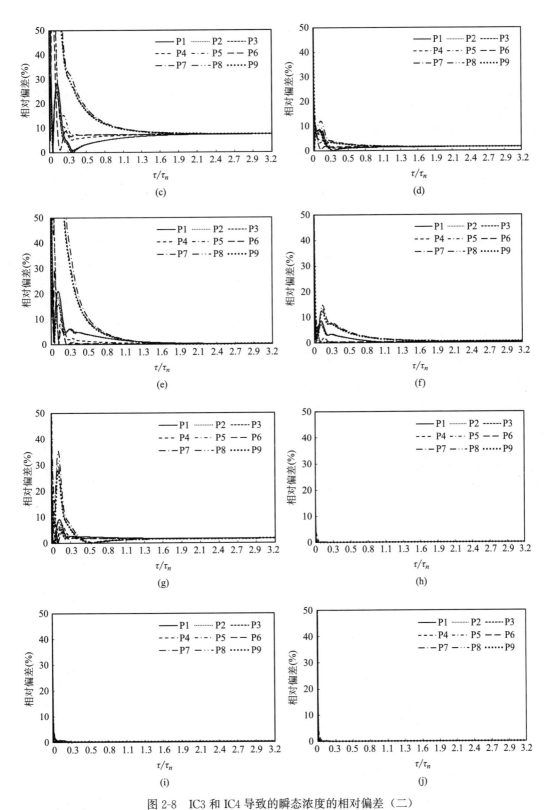

图 2-8　IC3 和 IC4 导致的瞬态浓度的相对偏差（二）

（c）算例 3-b；（d）算例 4-b；（e）算例 3-c；（f）算例 4-c；（g）算例 3-d；（h）算例 4-d；（i）算例 3-e；（j）算例 4-e

　　在所有情况下，9 个监测位置的相对浓度偏差在初始时间段内较大，而随着时间的推移，相对浓度偏差急剧下降。当经过足够长的时间后，相对偏差达到一个稳定的值，在大多数情况下几乎为零。考虑到初始条件对室内环境的影响主要发生在初始阶段，降低该阶段的预测偏差尤为重要。相对偏差与划分的区域数量密切相关。随着划分区域数量的增加，初始阶段的预测偏差显著降低［图 2-7（a）、（c）、（e）、（g）、（i）］，这是因为增加划分区域的数量会使每个区域的体积更小，区域内污染物分布更接近于均匀，正如在分初始条件可及度计算中所做的区域均匀性假设。当区域数量足够多时，在整个预测时间段中几乎没有预测偏差［图 2-7（h）～（j）和图 2-8（h）～（j）］。然而，由于每个区域的分初始条件可及度计算均需要一次 CFD 模拟，将房间划分为太多的区域将意味着计算成本的显著增加，因此，需要为实际应用确定适当数量的划分区域。

　　对于相同数量的区域，算例 2 和算例 4 的预测偏差小于算例 1 和算例 3［图 2-7（a）和（b）与图 2-8（a）和（b）］。预测偏差的差异揭示了不同初始污染物分布特征的影响（图 2-6）。在算例 1 和算例 3 中，当送风口 S1 输送的污染物或污染源仅作用 50s 时，污染物尚未完全在室内散布，此时，远离 S1 的射流路径（算例 1）或污染源（算例 3）的区域中污染物分布相对均匀；然而，S1 或污染源附近的污染物具有较大的浓度梯度［图 2-6（a）和（c）］，因此，在包含或靠近 S1 或污染源的区域的分初始条件可及度的计算中，实际的不均匀分布与均匀性假设之间存在较大的偏离。在算例 2 和算例 4 中，污染物被输运 800s，此时形成的初始条件是在污染物房间较为充分散布的状态，S1 或污染源附近的浓度梯度显著小于算例 1 和算例 3，因此，与均匀性假设的差异更小，预测偏差较小。

　　根据以上分析，较长的预测时间、更多的区域数量和区域初始污染物更均匀有助于提高预测精度。在实际场景中，初始污染物分布是由实际通风污染扩散场景客观决定的，而初始条件瞬态影响要关注的目标时刻是由控制策略的具体要求决定，两个因素均不能随意改变，因此，可主要通过增加区域数量来提高预测精度。如上所述，区域数量的确定应考虑预测精度和计算成本。将每种算例下所有 9 个位置的相对偏差降低到 10% 所需的时间进行汇总，结果见图 2-9。

　　当划分 1 个区域（1×1×1）时，所有初始条件（IC1～IC4）的相对偏差在 446s（$1.82\tau_n$）之前都不能降低到 10%，对于初始阶段的准确预测不利，尽管分初始条件可及度计算只需要一轮 CFD 模拟。当区域数量增加到 12 个（3×2×2）时，所需时间减少到 206s（$0.55\tau_n$），需要 12 轮 CFD 模拟来进行分初始条件可及度计算。当区域数量增加到 140 个（7×4×5）和 3600 个（20×12×15）时，所需时间分别为 79s（$0.21\tau_n$）和 8s（$0.02\tau_n$），尽管可以在短时间内提高预测精度，但对于分初始条件可及度计算（140 轮和 3600 轮）而言，计算过程繁琐且耗时。因此，兼顾预测精度和计算成本，可选择 12～140 之间的合适数量进行区域划分。上述讨论中取 10% 的相对偏差作为参考值，如实际情况允许略微更大的相对偏差，则可采用更少的区域划分。

2.3.3　实测初始浓度时初始区域均匀化方法可靠性

　　第 2.3.2 节分析的是初始条件可预测获得情况下的预测精度，然而，在某些情况下，污染物源的释放信息未知，如源数量、位置和释放强度，初始分布由污染物突然释放引起

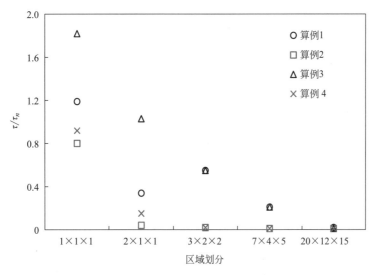

图 2-9 相对偏差降低到 10% 所需的时间

的，无法提前预测，此时，有必要采用有限数量的传感器获取各区域信息（图 2-10），通过将每个传感器位置采集的浓度作为相应区域的平均浓度来获得初始分布[3]。然而，由于传感器数量有限，难以获得准确的初始分布，此时需要对瞬态影响的预测可靠性进行评估。

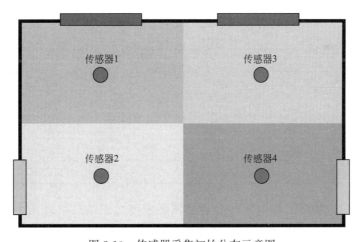

图 2-10 传感器采集初始分布示意图

当每个传感器安装于区域中心时，采集浓度作为该区域平均浓度，被用作瞬态浓度预测的输入。由于污染物分布的不均匀性，在传感器位置采样的浓度不一定等于相应区域的真实平均浓度，因此分初始条件的初始平均浓度可能会偏离预期条件。基于数值模拟方法分析预测方法的偏差，将基于 CFD 模拟得到的初始浓度视为真实初始浓度，假设使用没有测量阈值和随机误差的理想传感器，即传感器的测量值等于该位置的真实浓度。模型房间参数与第 2.3.1 节和第 2.3.2 节相同。考虑不同初始条件和区域划分数量，共设计 24 个算例，见表 2-3 所示。

实测初始浓度时的算例设置 表 2-3

算例	初始条件	区域数量
1-a	IC1	1(1×1×1)
1-b	IC1	2(2×1×1)
1-c	IC1	4(2×2×1)
1-d	IC1	8(2×2×2)
1-e	IC1	12(3×2×2)
1-f	IC1	140(7×4×5)
2-a	IC2	1(1×1×1)
2-b	IC2	2(2×1×1)
2-c	IC2	4(2×2×1)
2-d	IC2	8(2×2×2)
2-e	IC2	12(3×2×2)
2-f	IC2	140(7×4×5)
3-a	IC3	1(1×1×1)
3-b	IC3	2(2×1×1)
3-c	IC3	4(2×2×1)
3-d	IC3	8(2×2×2)
3-e	IC3	12(3×2×2)
3-f	IC3	140(7×4×5)
4-a	IC4	1(1×1×1)
4-b	IC4	2(2×1×1)
4-c	IC4	4(2×2×1)
4-d	IC4	8(2×2×2)
4-e	IC4	12(3×2×2)
4-f	IC4	140(7×4×5)

对于初始条件的瞬态影响而言，前期的较高浓度对评估污染暴露水平更为重要，因此，重点分析在 1 个换气周期内（375s）的瞬态浓度预测偏差。算例 1 和算例 2 的相对偏差随时间的变化见图 2-11 和图 2-12。多数情况下，相对偏差呈现下降趋势。初始时刻偏差较高，并且在前 $0.15\tau_n$ 中波动很大，随后偏差逐渐减小至稳定。不同位置的相对偏差彼此不同，然而，在算例 1 和算例 2 中，相对偏差表现出不同特征。在算例 1 中，位置 P7～P9 处的总体偏差低于位置 P1～P6，并且多数情况下位置 P4～P6 的偏差接近 P1～P3 处的偏差［图 2-11 (b)、(c)、(d) 和 (f)］。而在算例 2 中，对于一半的算例而言，P7～P9 位置的总体偏差显著高于 P1～P6 位置的偏差［图 2-12 (a)、(d) 和 (e)］，并且对于大多数情况而言，P4～P6 处的偏差高于 P1～P3 处的偏差［图 2-12 (a)、(b)、(c)、(d)和 (e)］。不同位置的相对偏差的差异是由每个位置距两个送风口的不同距离以及初始条件的不均匀分布导致的，而算例 1 和算例 2 的相对偏差的差异是由初始条件 IC1 和 IC2 的

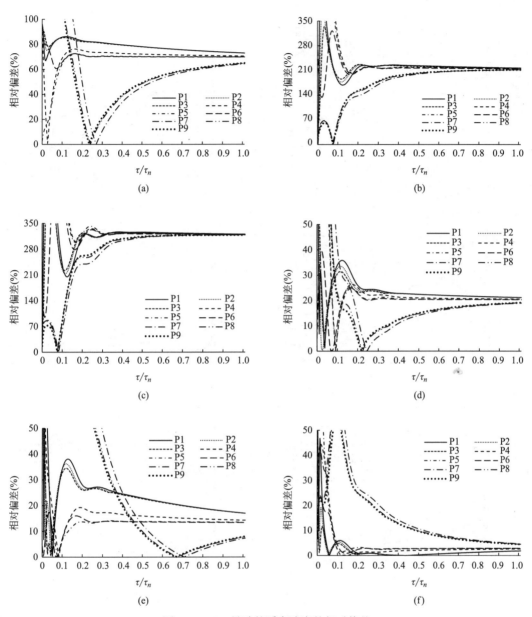

图 2-11　IC1 导致的瞬态浓度的相对偏差

（a）算例 1-a；（b）算例 1-b；（c）算例 1-c；（d）算例 1-d；（e）算例 1-e；（f）算例 1-f

不同分布特性导致的。

　　总体预测偏差随着区域数量的增加而减小。当划分 1～4 个区域时，相对偏差没有明显的下降趋势，在某些情况下，甚至表现出相反的趋势 ［图 2-11 （a）、（b） 和（c）］。这是因为当区域较少时，每个区域较大，在各种初始条件下，区域内不同位置的污染物浓度可能显著不同（较大的不均匀性）。因此，很难仅使用位于区域中心的传感器来代表区域实际平均浓度。当区域数量超过 4 个时，所有情况下的相对偏差都会显著减小。这是因为当有更多的区域时，对应使用了更多传感器，此时每个区域变得更小，较小区域内不同位置的浓度彼此更接近（较小的不均匀性），这使得采样浓度更接近该区域中的实际平均浓

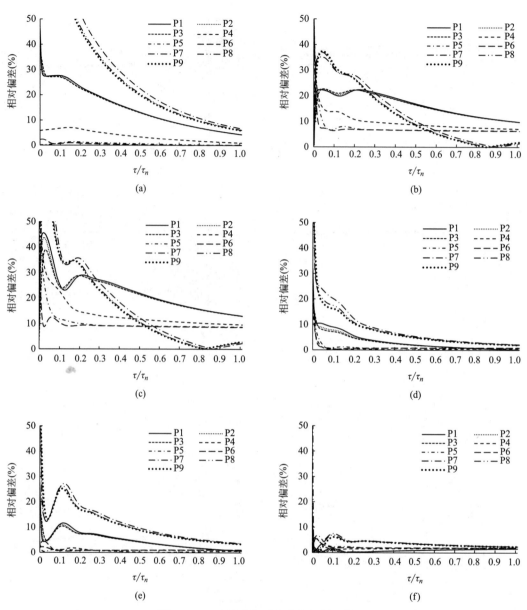

图 2-12　IC2 导致的瞬态浓度的相对偏差
(a) 算例 2-a；(b) 算例 2-b；(c) 算例 2-c；(d) 算例 2-d；(e) 算例 2-e；(f) 算例 2-f

度。当使用 140 个区域时，在一定时间后，所有算例下的相对偏差都小于 5％ [图 2-11 (f) 和图 2-12 (f)]。由于每个区域均需要安装一个传感器，考虑到传感器成本，不建议划分大量区域，应确定合适的区域数量和相应数量的传感器。

　　算例 3 和算例 4 的相对偏差随时间的变化见图 2-13 和图 2-14。算例 3 和算例 4 的结果与上述结果一致。通过综合分析算例 1 至 4 的结果，可以揭示初始污染物分布的影响。初始条件 IC2 和 IC4 下的预测结果优于 IC1 和 IC3。如图 2-6 (a) 和 (c) 所示，IC1 和 IC3 的污染物分布极不均匀，尤其是在靠近被污染的送风射流（IC1）和污染源（IC3）的区域，因此，与分初始条件的均匀性假设存在明显的不一致性。而且，在区域中心布置传感

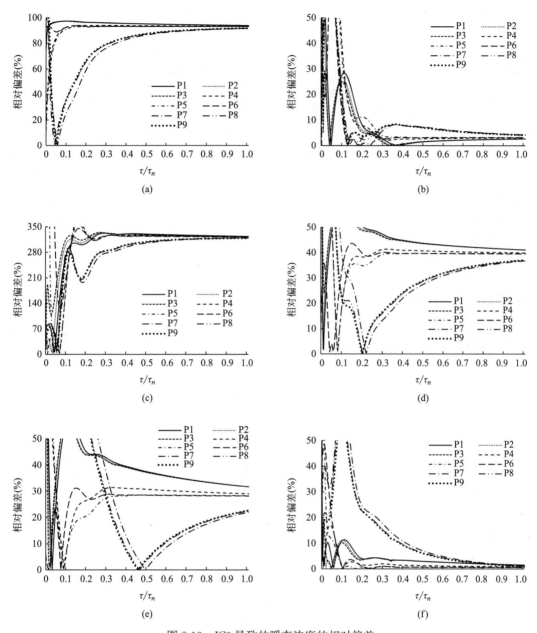

图 2-13 IC3 导致的瞬态浓度的相对偏差

（a）算例 3-a；（b）算例 3-b；（c）算例 3-c；（d）算例 3-d；（e）算例 3-e；（f）算例 3-f

器很难捕捉准确的区域平均浓度，从而导致了算例 1 和算例 3 的更大的偏差。相比之下，IC2 和 IC4 在靠近送风射流或污染源的区域中污染物分布更加均匀［图 2-6（b）和（d）］，更容易捕捉接近准确值的平均浓度，因此，算例 2 和算例 4 的预测偏差较小。

　　将基于传感器测量的初始条件（命名为方法 1）的预测结果与基于预测的初始条件的预测结果（第 2.3.2 节，命名为方法 2）进行比较，平均相对偏差如图 2-15 所示。方法 1 的总体相对偏差大于方法 2，尤其是在使用较少区域的情况下。这是因为方法 2 的主要偏差来源于每个区域的均匀性假设，每个区域的初始平均浓度是等于实际的初始平均浓度

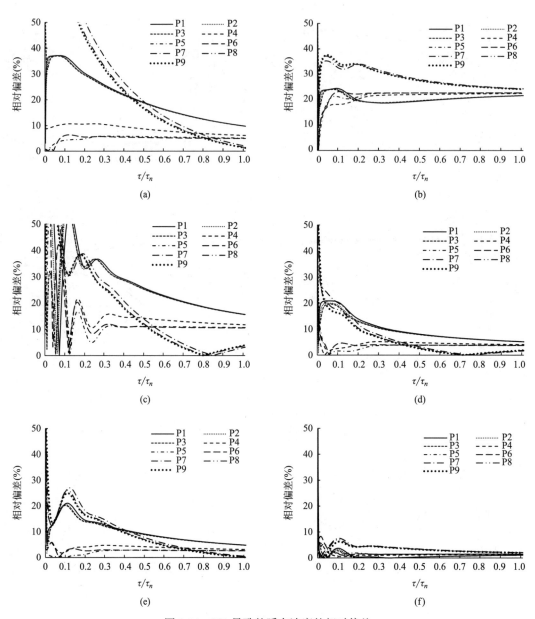

图 2-14　IC4 导致的瞬态浓度的相对偏差

（a）算例 4-a；（b）算例 4-b；（c）算例 4-c；（d）算例 4-d；（e）算例 4-e；（f）算例 4-f

的。然而，对于方法 1，偏差是由于每个区域的均匀性假设以及测量浓度与实际平均浓度的差异引起的。对于方法 2，当使用 4 个区域时，在所有案例下，时刻 $0.5\tau_n$ 时的平均相对偏差都小于 10％；对于方法 1，当使用 4 个区域时，算例 2 和算例 4 在时刻 $0.5\tau_n$ 时的偏差约 15％；而当使用 8 个区域时，算例 1 的偏差只能保持在 19.3％，而算例 3 中，当使用 12 个区域时可以保持在 23.1％。因此，如果实际初始条件的不均匀性不太大（例如算例 2 和算例 4），则可在房间内布置 4 个传感器，并且在预测之前仅需 4 次模拟获得分初始条件可及度。如果实际初始条件极不均匀（例如算例 1 和算例 3），则需要安装 8 个以上传感器，并且必须进行相同数量的模拟计算来获得分初始条件可及度。虽然在房间中大量

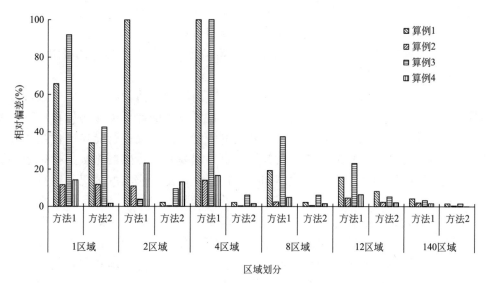

图 2-15 两种预测方法在 $0.5\tau_n$ 时的平均相对偏差

布置传感器是不现实的，但其数量的进一步增加可以提高预测精度。作为一个极端的例子，当使用 140 个传感器（140 个区域）时，平均相对偏差可低于 5%。传感器数量的选择可根据预测精度和传感器成本综合确定。

基于上述分析，可发现预测偏差的主要来源是每个区域测量的初始浓度与实际平均初始浓度之间的差异。因此，进一步分析了传感器采集的初始浓度相对于各初始条件的差异，以评估预测的可靠性。除了初始条件 IC1～IC4 外，通过考虑污染物从送风口 S1、污染源或同时从送风口 S1 和 S2 恒定释放 $0.13\tau_n$、$0.53\tau_n$、$2.13\tau_n$、$3.73\tau_n$、$5.33\tau_n$、$6.93\tau_n$ 和 $8.53\tau_n$ 的不同时间段形成的污染物分布作为初始条件，共构建了 21 个初始条件。在不同的初始条件下，传感器采集的平均初始浓度相对偏差见图 2-16。

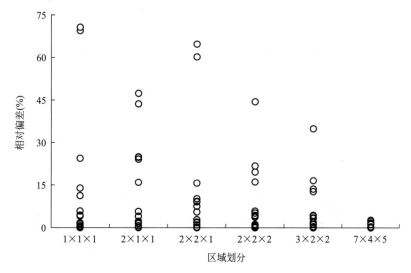

图 2-16 传感器采集的平均初始浓度的相对偏差

当划分为 2 个、4 个区域时，分别有 11 个和 13 个初始条件（共 21 个）相对偏差小于 10%；而当划分 8 个区域时，有 17 个初始条件相对偏差小于 10%；当划分超过 8 个区域时，可以进一步减少相对偏差。兼顾传感器成本和精度，大约 8 个传感器可用于基于传感器的初始条件影响的预测。

提出的初始条件影响预测方法提供了一种快速预测瞬态污染物分布的方法，有利于在线参数调节和应急通风等目的。每个分初始条件可及度的计算可在污染释放事件实际发生之前离线准备，因此，实际污染事件期间的浓度预测可仅进行简单的代数运算。通过增加划分区域的数量和相应的传感器数量，可以提高基于传感器测量的初始条件影响预测的精度，这种增加对于大空间建筑和可承担多个传感器成本的情况是可行的。分初始条件可及度的计算时，假设每个区域内部初始污染物均匀分布，这是因为实际很难找到适用于各种初始条件的普适性分布特征，此时每个区域中更均匀的分布有助于增加真实分初始条件与可及度计算使用的分初始条件之间的分布特征相似性。如果分初始条件的非均匀特性在实际释放事件中相对恒定，并且可在事件发生之前获得，则可以使用非均匀特征的分初始条件计算可及度，从而提高预测精度。研究中基于均匀区域划分，而在送风射流和污染源位置在释放事件期间保持不变的前提下，采取送风射流或污染源附近区域（较大浓度梯度区域）划分较小体积，而其他区域划分较大体积的不均匀区域划分方式，有望进一步提高预测精度。传感器布局对于准确捕捉每个区域的初始平均浓度至关重要，从而进一步影响预测精度。由于每个区域中初始污染物分布的实际特征具有不确定性，研究中将传感器安装在区域中心，实际中可根据实际情况优化传感器布局。

2.4 热浮升力对室内温度线性预测的影响

式（2-13）建立了描述不同边界条件对污染物分布影响的表达式。由于湿空气中水蒸气的传播与被动污染物特征相似，也可视为被动气体，因此，湿度的分布也可利用式（2-13）进行预测。温度的分布虽然受浮升力影响很大，但在机械通风房间中，流动形式以强制对流为主，Navier-Stokes 方程中的浮升力项可视为准稳定，如果送风温度在较小的范围内变化，则可认为流场固定。此时，温度分布也可利用式（2-13）进行预测。为更好的描述包括被动气体浓度、湿度和温度在内的室内空气参数的分布特征，用一通用参数 ϕ 对空气标量进行表示，表达为通用形式：

$$\phi_p(\tau) - \phi_\circ = \sum_{n_S=1}^{N_S} \left[(\phi_S^{n_S} - \phi_\circ) a_{S,p}^{n_S}(\tau) \right] + \sum_{n_C=1}^{N_C} \left[\frac{J_\phi^{n_C}}{Q_\phi} a_{C,p}^{n_C}(\tau) \right] + \sum_{n_I=1}^{N_I} \left[(\overline{\phi}_\circ^{n_I} - \phi_\circ) a_{I,p}^{n_I}(\tau) \right]$$

$$(2-14)$$

式中，$\phi_\circ$——通用空气参数 ϕ 的参考值，对于污染物和湿度而言，$\phi_\circ = 0$；

$\phi_p(\tau)$——室内任意位置 p 在时刻 τ 的参数值；

$\phi_S^{n_S}$——来自第 n_S 个送风口的送风参数值；

$J_\phi^{n_C}$——第 n_C 个室内源的散发强度；

$\overline{\phi}_\circ^{n_I}$——第 n_I 个分初始条件的体平均值；

$Q_\phi = Q$（浓度和湿度）或 $Q_\phi = \rho c_p Q$（温度），其中 ρ 为空气密度，c_p 为空气的比热容。

$a_{S,p}^{n_S}(\tau)$、$a_{C,p}^{n_C}(\tau)$ 和 $a_{I,p}^{n_I}(\tau)$ 指标通过被动污染物、水分或热的输运过程进行计算。

由于热量的变化容易引起流场改变，进而影响线性叠加理论预测的精度，对不同热源场景下线性叠加理论的可靠性进行了研究，主要比较了稳态时的温度预测偏差[4]。通过数值方法进行分析，采用图 2-3 所示房间，在房间中间断面上（$Z = 1.5m$）布置 6 个热源位置，见图 2-17。位置 1 靠近送风口 S1，位置 2 和位置 3 远离送风口 S1 和 S2，位置 4 靠近出口 E1。热源 5 和热源 6 分别位于右墙和地板，热源位置见表 2-4。

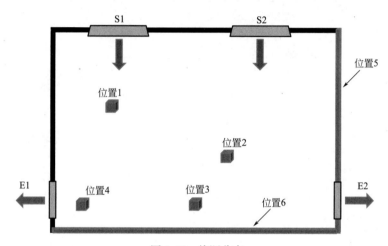

图 2-17 热源分布

热源位置 表 2-4

热源位置	起点坐标			终点坐标		
	X_S(m)	Y_S(m)	Z_S(m)	X_E(m)	Y_E(m)	Z_E(m)
1	0.95	1.50	1.45	1.05	1.60	1.55
2	2.45	0.90	1.45	2.55	1.00	1.55
3	1.95	0.30	1.45	2.05	0.40	1.55
4	0.45	0.30	1.45	0.55	0.40	1.55
5	3.95	0.05	0	4.00	2.50	3.00
6	0	0	0	4.00	0.05	3.00

考虑不同的热源位置和发热量，共设置 11 个算例，见表 2-5。算例 1~算例 8 中，房间内仅存在一个热源；算例 9~算例 11 中，房间内同时存在两个热源，指定的热源强度处于空调环境的典型参数范围。针对每个算例，均计算了不同的固定流场构建方式下的预测温度，与直接 CFD 模拟得到的结果进行对比，以考察预测可靠性。各算例的送风温度为 18℃。

作为代表，算例 1 的流场分布见图 2-18。

算例设计 表 2-5

算例编号	热源	
	位置	发热量（W）
1	1	200
2	1	600
3	1	1000
4	2	1000
5	3	1000
6	4	1000
7	5	1000
8	6	1000
9	1&2	1000&1000
10	2&4	1000&1000
11	3&5	1000&1000

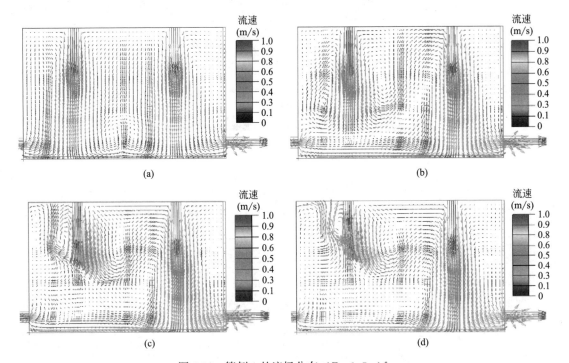

图 2-18 算例 1 的流场分布（$Z=1.5$m）*

（a）热源强度 0（线性叠加采用）；（b）热源强度 200W（CFD 模拟采用）；
（c）热源强度 600W（线性叠加采用）；（d）热源强度 1000W（线性叠加采用）

图 2-18（a）中，房间内没有热量释放，形成了等温流场。两股送风射流直接向下流动，到达地板。图 2-18（b）中，200W 热量在送风口 S1 附近释放，浮升力作用倾向于削弱来自 S1 的送风射流的影响，射流未到达地面，而是在距离地板一定距离处向上偏转。图 2-18（c）和（d）中，热量分别以 600W 和 1000W 的强度释放，更强的浮升力对来自 S1 的射流附近的局部流场有更大的影响，在射流和热源左侧出现上升气流。总体而言，由于热源强度的不同，流场之间存在显著差异，尤其在靠近送风射流和热源的区域。

主要考察 $Z=0.5m$ 和 $Z=1.5m$ 两个断面，每个断面监测 9 个位置（P1～P9，见图 2-4）的温度值。在热源位置 1，不同热源强度下的结果见图 2-19。相对偏差表示为线性叠加方

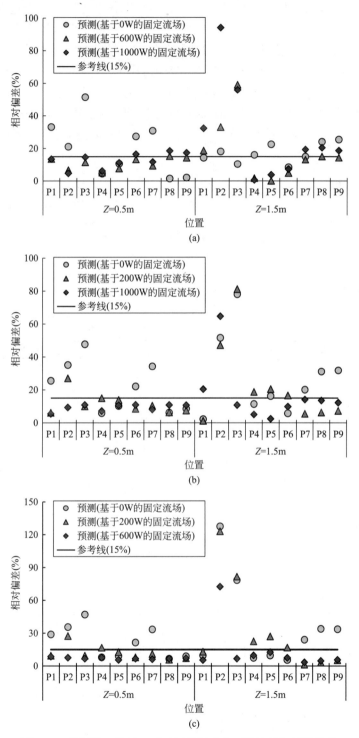

图 2-19　热源位于位置 1 时不同热源强度下线性叠加预测偏差

(a) 算例 1：200W；(b) 算例 2：600W；(c) 算例 3：1000W

法与 CFD 模拟的偏差与送排风温差的比值。

采用线性叠加原理进行温度场预测时，固定流场的选择至关重要。由于未考虑浮升力的影响，基于无热源场景建立的固定流场下，温度的总体预测偏差大于基于一定热源强度形成的固定流场。一旦在建立固定流场时考虑了一定强度的热源，预测偏差就会减小。当为建立固定流场而选择的热源强度更接近实际强度时，预测偏差将减小。算例 3（热源强度 1000W）中，基于 0、200W 和 600W 固定流场的所有监测位置的平均相对偏差分别为 29.4%、22.3% 和 10.6%。在靠近热源和送风射流的位置（P2、P3）的相对偏差较大，而其他多数位置相对偏差低于 15%。算例 1～算例 3 相对偏差特征较为一致。

算例 4～算例 8 的预测偏差见图 2-20。位置 P6 处的部分相对偏差超出了纵轴上限而未显示在图 2-20（b）中。

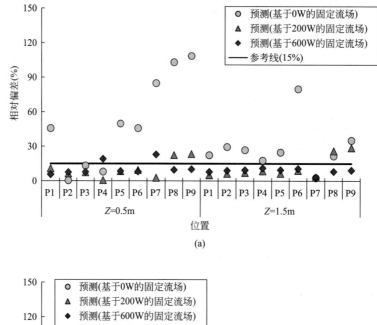

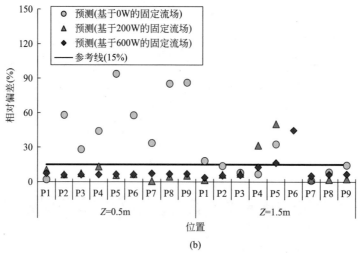

图 2-20 不同热源位置下的线性叠加预测偏差（一）

（a）算例 4：热源位置 2；（b）算例 5：热源位置 3

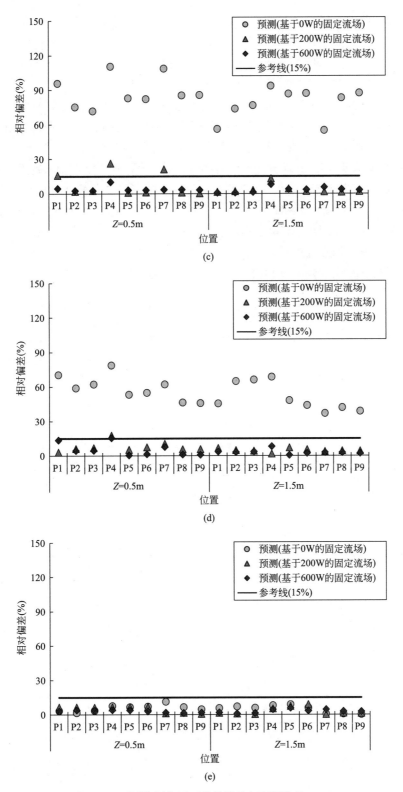

图 2-20　不同热源位置下的线性叠加预测偏差（二）

(c) 算例 6：热源位置 4；(d) 算例 7：热源位置 5；(e) 算例 8：热源位置 6

对于多数位置的源场景情况而言（算例 4～算例 7），基于无热源的固定流场的预测偏差较大，不建议基于此进行预测。而基于 200W、600W 热量的固定流场的相对偏差显著降低。在算例 4 中（热源位置 2），除了靠近热源的 4 个位置（P8 和 P9）外，基于 200W 热量的固定流场的多数位置相对偏差小于 15％。然而，当基于 600W 热量的固定流场进行预测时，由于此时的固定流场更接近实际流场，只有两个位置的相对偏差大于 15％。在算例 5 中（热源位置 3），热源远离送风口，浮升力效应在热源正上方的局部区域（覆盖平面 $Z=1.5$m 的位置 P4、P5 和 P6）起主导作用。在热量 200W 的固定流场下，位置 P4、P5 和 P6 的相对偏差大于 15％，而其他位置小于 15％；当采用热量 600W 的固定流场时，只有位置 P6 的相对偏差大于 15％。在算例 6～算例 8 中（热源位置 4～热源位置 6），热源分别位于排风口附近、侧墙和地板上，3 个位置均远离主气流区域。对于基于 200W、600W 的固定流场，几乎所有位置的相对偏差都小于 15％。这表明，如果热量从建筑围护结构释放时，所提出的方法可有效预测温度分布。

双热源情况下的线性叠加预测偏差见图 2-21。结果显示了与单个热源时相似的偏差特

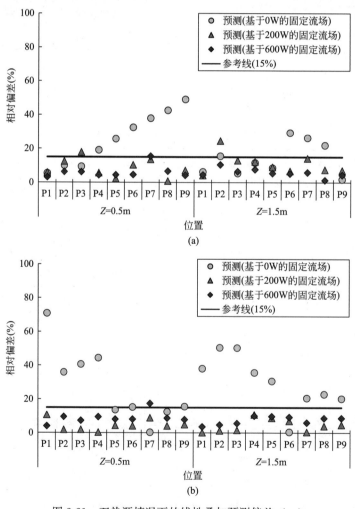

图 2-21 双热源情况下的线性叠加预测偏差（一）

(a) 算例 9：热源位置 1 与 2；(b) 算例 10：热源位置 2 与 4

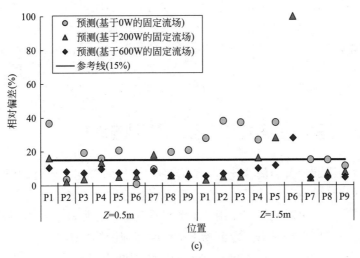

图 2-21 双热源情况下的线性叠加预测偏差（二）

（c）算例 11：热源位置 3 与 5

征。基于考虑一定热量的固定流场的预测可以降低预测偏差。当选择的流场更加接近实际流场时，尤其对于热源附近位置而言，预测偏差可以进一步降低。

为定量评估浮升力的影响，采用理查森数 $Ri = \dfrac{Gr}{Re^2} = \dfrac{\Delta TgL}{TU_0^2}$ 表征浮升力效应与惯性力效应的相对大小。当 Ri 接近或大于 1 时，浮升力对于混合流场的构建作用显著。不同算例 Ri 见表 2-6。所有算例的 Ri 处于 0.02~0.17，显著低于 1，这意味着浮升力的影响弱于惯性力作用，因此，浮升力仅在一定程度上影响流场，由于惯性力占主导，此时，适当考虑浮升力作用虽不十分精确，但也可获得可接受的预测结果。基于 Ri 的总体分析与上述不同热源场景下定量计算的偏差特征是一致的。

不同算例的 Ri　　　　　　　　　　表 2-6

算例编号	Ri
1	0.02
2	0.05
3	0.09
4	0.09
5	0.09
6	0.09
7	0.09
8	0.09
9	0.17
10	0.17
11	0.17

上述分析表明，在远离热源的位置预测更加可靠，因此，如果实际要保障的目标区域仅为热源以外的局部区域，线性叠加方法可以有效实施温度场预测；热源附近位置可能存在较大的预测偏差，因此，热源区域难以实现精准预测。如果存在一定数量的实际热源场景，其热特征存在显著差异，则可建立若干个典型的固定流场，根据实际待预测热场景的特征合理选择固定流场进行温度预测，以适应热特征多变的情况。

2.5　密度差对室内污染物浓度线性预测的影响

除热量改变会引起浮升力的变化外，污染物与空气的密度差也会对浮升力产生影响。当室内不同的送风口输送不同浓度的重气或轻气污染物时，或者当室内有重气或轻气从某位置释放时，浮升力均会对流场起作用。本节以重气输运为目标，对不同送风口存在送风浓度差的情况进行分析，探讨对固定流场下线性叠加理论的影响[5]。

建立 5m（长）×4m（宽）×3m（高）的通风房间几何模型（图 2-22），分析顶送侧下回和侧上送异侧下回两种典型的气流组织形式，每个风口尺寸为 0.25m×0.25m，通风换气次数为 $9h^{-1}$（送风速度为 1.2m/s）。研究基于等温工况，房间内没有重气释放源。构建了 8 个工况分析重气扩散的预测结果，如表 2-7 所示。选择 CO_2（相对密度为 1.5）和 H_2S（相对密度为 1.2）两种代表性重气进行分析。气体从送风口 1 送入室内。设置 $4×10^{-4}$（低浓度）和 $4×10^{-2}$（高浓度，超过 25000ppm）两种质量浓度，以考察送风重气浓度的影响。针对每个算例，分别采用线性叠加原理和 CFD 方法进行瞬态重气浓度预测。采用相对于送风重气浓度的无量纲浓度对两种方法进行比较。对 27 个典型位置的重气瞬态浓度进行监测，如图 2-23 所示。

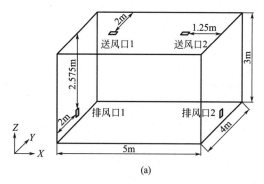
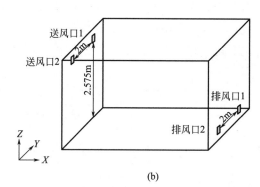

(a)　　　　　　　　　　　　　　(b)

图 2-22　通风房间几何模型

(a) 顶送侧下回；(b) 侧上送异侧下回

算例设计　　　　　　　　　　　　　　　　表 2-7

算例编号	气流组织	重气	送风口 1 质量浓度（kg/kg）
1	顶送侧下回	CO_2	$4×10^{-4}$
2			$4×10^{-2}$
3		H_2S	$4×10^{-4}$
4			$4×10^{-2}$

续表

算例编号	气流组织	重气	送风口1质量浓度 (kg/kg)
5	侧上送异侧下回	CO_2	4×10^{-4}
6			4×10^{-2}
7		H_2S	4×10^{-4}
8			4×10^{-2}

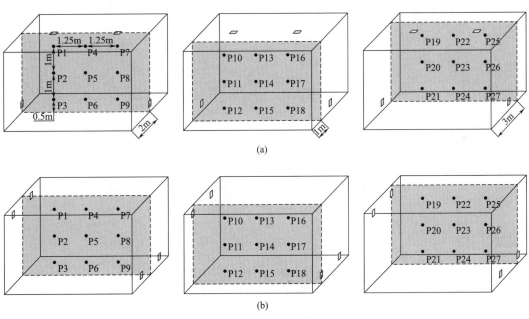

图 2-23　监测点布置

(a) 顶送侧下回；(b) 侧上送异侧下回

　　顶送侧下回（算例1～算例4）在100s时的流场见图2-24。当空气从顶棚向下输送时，如果污染气体被动输运，则两股送风射流对称流动，形态一致。当送风输送低浓度的重气（CO_2和H_2S）时，并未显著改变流场。当送风输送高浓度的重气（4×10^{-2}）时，含量增加的重气促进射流向下流动，射流轴向速度衰减变慢，射流宽度减小。受密度差引起的浮升力影响，来自送风口2的射流由于相对较低的混合空气密度而射程变短。与CO_2相比，在相同的送风浓度下，输送较低密度的H_2S对流场的影响相对较小。高送风浓度对流场影响较大，进而会影响对重气的传输过程。

　　算例1～算例4在100s时的无量纲瞬态重气浓度分布见图2-25。对于通过线性叠加原理（污染物被动输运）预测的结果［图2-25（a）］，在初始阶段，来自送风口1的空气将污染物输送到左半部分的大部分区域，而右半部分区域基本不受影响。在较低的送风浓度（4×10^{-4}）下，CFD模拟得到的两种重气的浓度分布与线性叠加原理得到的浓度分布结果相似［图2-25（b）和（c）］。在高送风浓度下，重气分布存在一定差异。射流区域和下部区域均受来自送风口1的送风影响，而上部区域受影响较小［图2-25（d）和（e）］。CO_2和H_2S的浓度分布特征相似，但CO_2对浓度分布的影响略大。

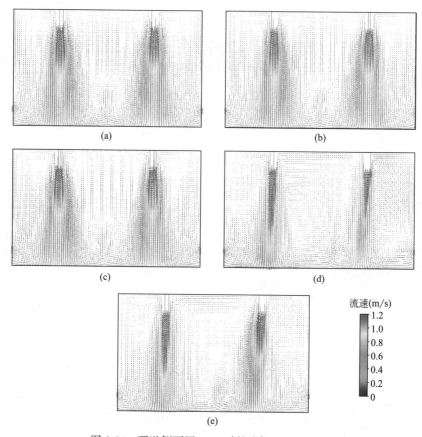

图 2-24　顶送侧下回 100s 时的流场（$Y=2m$）*

（a）被动输运；（b）CO_2（4×10^{-4}）；（c）H_2S（4×10^{-4}）；（d）CO_2（4×10^{-2}）；（e）H_2S（4×10^{-2}）

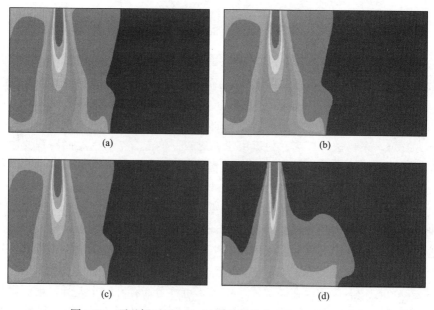

图 2-25　顶送侧下回 100s 时的重气分布（$Y=2m$）（一）*

（a）线性叠加预测；（b）CO_2（4×10^{-4}）；（c）H_2S（4×10^{-4}）；（d）CO_2（4×10^{-2}）

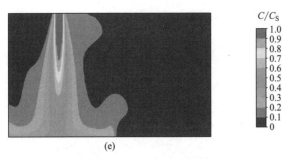

(e)

图 2-25　顶送侧下回 100s 时的重气分布（$Y=2$m）（二）*

(e) H_2S（4×10^{-2}）

　　不同位置的重气浓度曲线比较见图 2-26。考虑到各位置布局的对称性，仅给出位置 P1～P18 的结果。线性叠加预测方法在 900s 内相对于 CFD 模拟结果的平均相对预测偏差见图 2-27。相对偏差定义为线性叠加模型和 CFD 模拟预测浓度的绝对偏差除以 CFD 模拟的 900s（相对稳定状态）下的浓度。

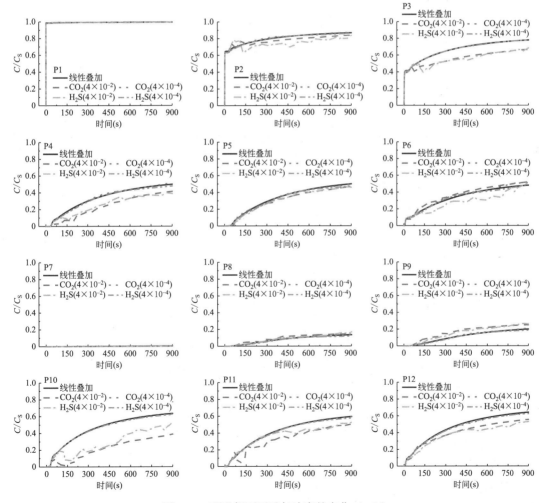

图 2-26　顶送侧下回重气浓度的变化（一）*

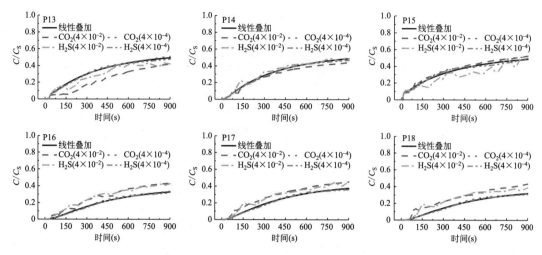

图 2-26 顶送侧下回重气浓度的变化（二）*

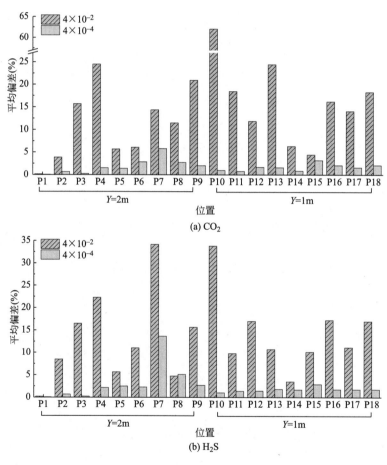

图 2-27 顶送侧下回线性叠加模型的相对预测偏差

在低送风浓度（4×10^{-4}）下，线性模型的预测偏差较小。CO_2 和 H_2S 在 18 个位置的相对偏差平均值均小于 3%（图 2-27）。当送风浓度增加到 4×10^{-2} 时，预测偏差相应增加，在 18 个位置中，有 10 个位置（P1、P2、P5～P9、P14、P15 和 P17）的绝对偏差较小（图 2-26），在 7 个位置（P3、P4、P11～P13、P16 和 P18）处于中等偏差水平，其中在位置 P10 处的偏差相对较大。进一步分析 CO_2 的相对偏差，18 个位置中有 10 个位置的相对偏差小于 15%，仅 4 个位置的相对偏差超过 20%，所有位置的总体平均偏差为 15.5%。对于 H_2S，18 个位置中有 10 个位置的相对偏差小于 15%，仅 3 个位置的相对偏差超过 20%，总体平均偏差为 13.8%。

侧上送异侧下回（算例 5～8）在 100s 时的流场见图 2-28 和图 2-29。当从侧墙上方送风时，对于被动输运的气体而言，送风射流贴附于顶棚流动［图 2-28（a）和图 2-29（a）］。送风输运低浓度重气时，受浮升力作用，送风射流有解除贴附的趋势，但不足以从顶棚分离［图 2-28（b）和（c）］。密度差对流场的影响在高浓度的 CO_2 下比较显著［图 2-28（d）］。到 100s 时，由于对 CO_2 的输送，来自送风口 1 的射流显著向下偏转。由密度差引起的送风口 2 的射流向上偏转［图 2-29（d）］。由于密度差相对较小，输送 H_2S 时送风射流偏转相较于 CO_2 弱［图 2-28（e）］。

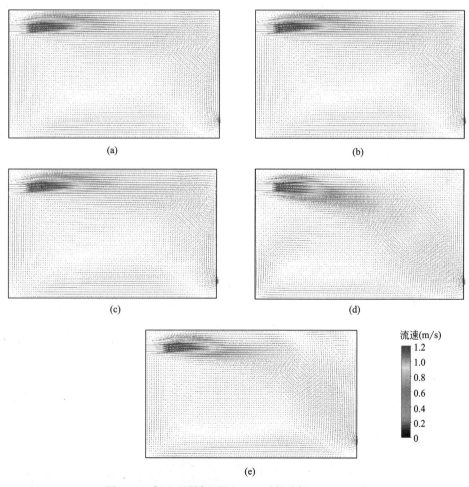

图 2-28　侧上送异侧下回 100s 时的流场（$Y=3m$）*

（a）被动输运；（b）CO_2（4×10^{-4}）；（c）H_2S（4×10^{-4}）；（d）CO_2（4×10^{-2}）；（e）H_2S（4×10^{-2}）

算例 5～8 在 100s 时的无量纲瞬态重气浓度分布见图 2-30 和图 2-31。

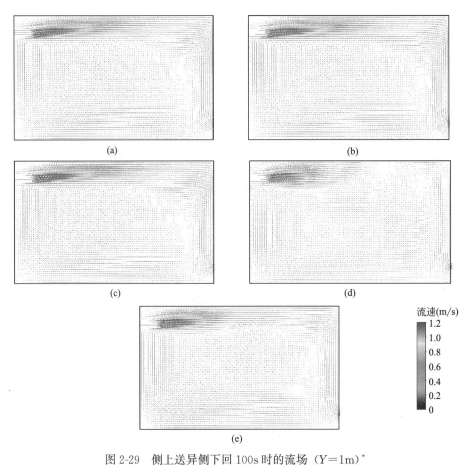

图 2-29　侧上送异侧下回 100s 时的流场（$Y=1m$）*

（a）被动输运；（b）CO_2（4×10^{-4}）；（c）H_2S（4×10^{-4}）；（d）CO_2（4×10^{-2}）；（e）H_2S（4×10^{-2}）

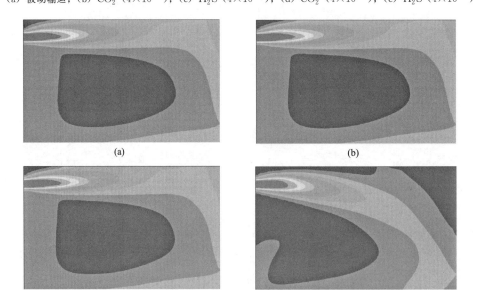

图 2-30　侧上送异侧下回 100s 时的重气分布（$Y=3m$）（一）*

（a）线性叠加预测；（b）CO_2（4×10^{-4}）；（c）H_2S（4×10^{-4}）；（d）CO_2（4×10^{-2}）

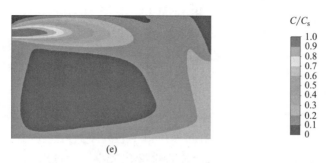

(e)

图 2-30 侧上送异侧下回 100s 时的重气分布 ($Y=3$m)（二）*

(e) H_2S（4×10^{-2}）

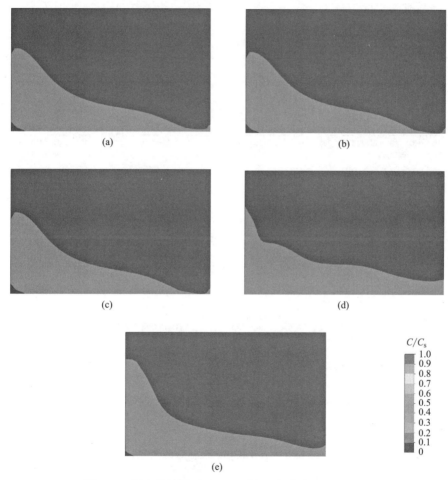

图 2-31 侧上送异侧下回 100s 时的重气分布 ($Y=1$m)*

(a) 线性叠加预测；(b) CO_2（4×10^{-4}）；(c) H_2S（4×10^{-4}）；(d) CO_2（4×10^{-2}）；(e) H_2S（4×10^{-2}）

到 100s 时，沿送风射流的区域受到显著影响，而射流下方的回流区受到的影响较小 [图 2-30（a）]，靠近送风口 2 的区域受到的影响很小 [图 2-31（a）]。在低送风浓度（4×10^{-4}）下，两种重气的浓度分布与被动气体相似 [图 2-30（b）和（c）与图 2-31（b）和（c）]。由于来自送风口 1 的射流向下偏转，具有较高浓度的区域随着 CO_2 浓度的升高而变

化 [图 2-30（d）]。H$_2$S 的浓度分布变化小于 CO$_2$ [图 2-30（e）]。对于两种重气，送风口 2（Y=1m）截面上的浓度分布没有显著变化 [图 2-31（d）和（e）]。

不同位置的重气浓度曲线比较见图 2-32，线性叠加预测方法的平均相对预测偏差见图 2-33。由于流场略有变化，在较低的送风浓度（4×10^{-4}）下，线性模型和 CFD 模拟的预测浓度略有差异。CO$_2$ 和 H$_2$S 的平均相对偏差均小于 1%。对于 4×10^{-2} 的送风浓度，送风射流受到影响，导致 CO$_2$ 在射流路径附近的位置 P19 和 H$_2$S 在位置 P25 处的相对偏差超过 15%。然而，对于两种重气，在过送风口 1 的截面上其他位置（Y=3m）处的平均相对偏差约为 10%。由于送风口 2 的射流特性变化较小，在过送风口 2 的截面上的位置（Y=1m）处的平均相对偏差小于 10%，在两个送风口中间的断面位置处的平均相对偏差也小于 10%。CO$_2$ 和 H$_2$S 分别有 24 个和 26 个位置的相对偏差小于 15%，整体平均偏差分别为 9.5% 和 7.8%。

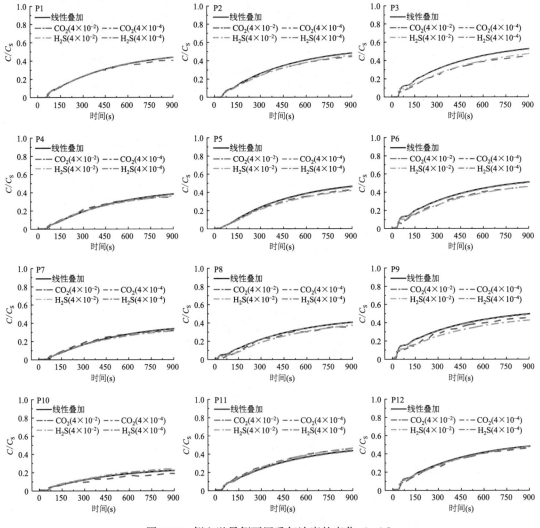

图 2-32　侧上送异侧下回重气浓度的变化（一）*

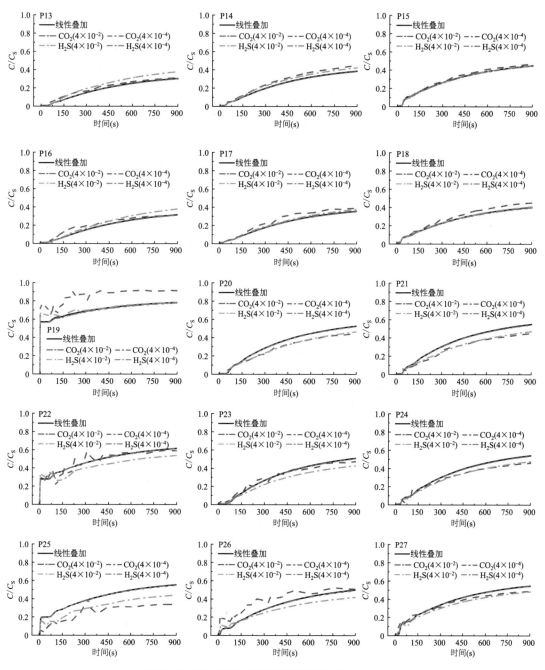

图 2-32　侧上送异侧下回重气浓度的变化（二）*

由于密度差引起的浮升力和送风射流动量是产生室内混合对流的两个主要驱动力，因此使用以密度差表示的理查森数 $Ri = \dfrac{g(\rho - \rho_0)L}{\rho U_0^2}$ 量化浮升力和惯性力的相对重要性[6]，结果见表 2-8。

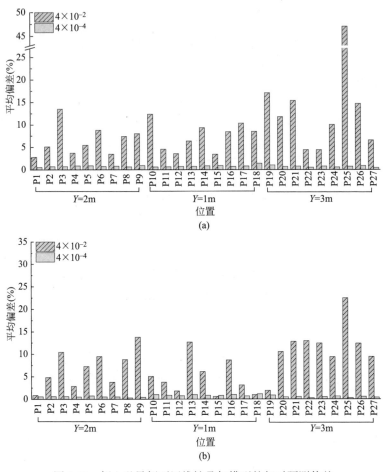

图 2-33 侧上送异侧下回线性叠加模型的相对预测偏差

(a) CO_2；(b) H_2S

各算例的 Ri 表 2-8

算例编号	重气	送风口 1 质量浓度	Ri
1、5	CO_2	4×10^{-4}	2.31×10^{-4}
2、6		4×10^{-2}	2.33×10^{-2}
3、7	H_2S	4×10^{-4}	1.01×10^{-4}
4、8		4×10^{-2}	1.02×10^{-2}

在 4×10^{-4} 的相对较低的送风浓度下，CO_2 和 H_2S 的 Ri 值分别为 2.31×10^{-4} 和 1.01×10^{-4}，表明浮升力的影响远弱于送风动量，可以忽略不计。因此，对于两种气流组织，由重气引起的流场与由被动气体引起的流场相似，使用线性模型预测的浓度仅有较小偏差。在 4×10^{-2} 的相对较高的送风浓度下，CO_2 和 H_2S 的 Ri 值分别为 2.33×10^{-2} 和 1.02×10^{-2}，浮升力的影响显著增加，因此，射流轨迹随浮升力而变化，侧上送形式下的水平射流向下偏转。由于相对较小的 Ri，H_2S 的射流偏转比 CO_2 弱。然而，Ri 低于 0.1，表明强制对流对于流场仍起主要作用。因此，线性模型可以可接受的精度预测多数位置的

重气浓度。对于类似于本节展示的从上部空间送风的气流组织，在上部区域会出现一定的预测偏差，而在下部人员占据区域偏差较低。特别由于射流偏转，在上部水平射流轨迹附近会出现相对较大的偏差。

线性叠加方法的预测性能取决于选择的固定流场的特性。本研究选取被动输运条件建立了代表性固定流场，在实际中，如选择能够在一定程度上反映重气浮力效应的某种固定流场，将有望进一步提高预测精度。然而，对于未来发生事件，实际输送的重气浓度在事件发生前是不可预知的，由于事件具有显著的不确定性，很难提前确定与该事件类似的送风浓度以充分考虑重气对流场的影响，使得该影响反映在可及度指标中。此外，通风房间往往存在多个送风口，输送污染物场景也多种多样，此时将重气视为被动气体而忽略密度差的影响，不失为一种可行方法，该做法可规避计算可及度指标时对重气特性的考虑，可预测任意实际输送气体的瞬态浓度。本研究主要分析了送风传输重气的情况，可进一步评估重气在室内释放的情况。研究表明，基于线性叠加的预测可用于低、中浓度的重气预测，而在高重气浓度下，可预测总体平均浓度水平或射流区域外大多数局部区域的浓度，这对于快速预测瞬态重气扩散具有实际意义。

2.6 本章小结

本章对固定流场条件下，恒定释放组分和热量时的室内瞬态空气标量参数分布的线性叠加关系和适应性进行研究，主要结论如下：

（1）提出了表征送风、室内源、任意初始条件对室内任意位置瞬态空气参数定量影响的送风可及度、污染源可及度、分初始条件可及度指标，基于可及度指标建立了室内任意位置瞬态空气参数计算表达式，为室内瞬态分布环境的影响因素拆分提供了分析方法。

（2）对初始条件区域均匀化处理方法的瞬态预测精度进行分析，要考察的目标瞬态时刻距离初始时刻越远、空间划分区域数越多、每个区域内部的初始分布越均匀，则预测偏差越小；当初始条件可预先获得时，兼顾精度和计算量，区域数建议在 $12\sim140$ 之间；当仅能通过有限传感器测得初始条件时，预测偏差高于可提前获得初始条件的情况。兼顾精度和传感器成本，适合安装 8 个传感器。

（3）对热源参数变化对线性叠加预测温度的可靠性进行研究表明，线性关系式构建时基于的固定流场应在对应热源具有一定热强度的情况下建立，热源区域以外的室内空间的温度预测精度可接受。对送风输运重气时，采用线性叠加关系的预测可靠性进行研究，表明重气密度越大，送风浓度越高，预测偏差越大。低送风污染物浓度（4×10^{-4}）下预测精度高，高送风浓度（4×10^{-2}）下预测偏差为 $7.8\%\sim15.5\%$，较大偏差主要出现在送风射流附近和上部空间的少数位置。

第 2 章参考文献

［1］ Ma X，Shao X，Li X，et al. An analytical expression for transient distribution of passive contaminant under steady flow field ［J］. Building and Environment，2012，52：98-106.

［2］ Shao X，Li X，Liang C，et al. An algorithm for fast prediction of the transient effect of an arbitrary initial condition of contaminant [J]. Building and Environment, 2015, 85: 298-308.

[3] Shao X, Wang K, Li X. Rapid prediction of the transient effect of the initial contaminant condition using a limited number of sensors [J]. Indoor and Built Environment, 2019, 28 (3): 322-334.

[4] Shao X, Ma X, Li X, et al. Fast prediction of non-uniform temperature distribution: A concise expression and reliability analysis [J]. Energy and Buildings, 2017, 141: 295-307.

[5] Shao X, Liu Y, Zhang J, et al. Can a linear superposition relationship be used for transport of heavy gas delivered by supply air in a ventilated space? [J]. Building and Environment, 2023, 229: 109960.

[6] Ricciardi L, Prévost C, Bouilloux L, et al. Experimental and numerical study of heavy gas dispersion in a ventilated room [J]. Journal of Hazardous Materials, 2008, 152: 493-505.

第 **3** 章

循环风条件下差异化环境参数分布

3.1 概述

第 2 章针对通风房间空气参数分布的线性叠加规律进行介绍，其中各送风边界为独立可知因素，不受其他因素的耦合影响。然而，在一些情况下，通风房间存在循环空气处理装置，如空气净化器、风扇、风机盘管、空调室内机、室内空气幕等，这些设备从室内吸取空气，经过处理后再次将空气送入室内，使得设备出风参数与设备进风（即为回风口）参数耦合关联，而吸风参数又取决于通风房间各已知独立的送风参数和室内独立的污染源参数，因此，空气循环设备的送风边界并非独立影响因素，此时，将循环设备出风口视作独立送风口而计算送风、污染源、初始条件可及度将不足以表征空气再循环带来的对热、质传播的影响。本章对存在自循环装置情况下，通风房间污染物传播过程进行分析，提出考虑自循环影响的修正可及度指标，以及对应的污染物分布表达式。

3.2 自循环气流下稳态污染物分布表达式

通风房间的示意图如图 3-1 所示。室内存在一定数量的送风口和污染源，此外，还存

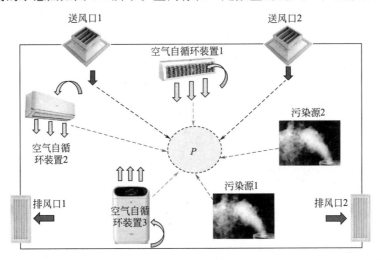

图 3-1 带空气自循环的通风房间示意图

在一定数量的空气自循环装置，影响周围的气流和污染物的输运。假设房间内有 N_S 个送风口和 N_C 个污染源。在没有空气自循环的情况下，固定流场中任意点 p 处的被动污染物浓度表示为第 2 章的式（2-2）。

稳态时（$\tau = \infty$），$a_{I,p}(\infty) = 0$，式（2-2）变为：

$$C_p(\infty) = \sum_{n_S=1}^{N_S} \left[C_S^{n_S} a_{S,p}^{n_S}(\infty) \right] + \sum_{n_C=1}^{N_C} \left[\frac{J^{n_C}}{Q} a_{C,p}^{n_C}(\infty) \right] \tag{3-1}$$

为简化表达，将式（3-1）改写为式（3-2）：

$$C_p = \sum_{n_S=1}^{N_S} \left(C_S^{n_S} a_{S,p}^{n_S} \right) + \sum_{n_C=1}^{N_C} \left(\frac{J^{n_C}}{Q} a_{C,p}^{n_C} \right) \tag{3-2}$$

式中，C_p——稳态情况下任意位置 p 处的污染物浓度；

$a_{S,p}^{n_S}$、$a_{C,p}^{n_C}$——稳态送风和污染源可及度。

假设房间中存在 N_R 个空气自循环装置，第 n_{Sr} 个装置出风口的污染物浓度为 $C_{Sr}^{n_{Sr}}$，房间独立送风口的总送风量为 Q_s，送风口和空气自循环装置的总风量为 Q_t。在由 N_S 个送风口和 N_R 个空气自循环装置建立的固定流场中，根据式（3-2），位置 p 的稳态污染物浓度表示为式（3-3）：

$$C_p = \sum_{n_S=1}^{N_S} \left(C_S^{n_S} a_{S,p}^{n_S *} \right) + \sum_{n_C=1}^{N_C} \left(\frac{J^{n_C}}{Q_t} a_{C,p}^{n_C *} \right) + \sum_{n_{Sr}=1}^{N_R} \left(C_{Sr}^{n_{Sr}} a_{Sr,p}^{n_{Sr} *} \right) \tag{3-3}$$

式中，$a_{S,p}^{n_S *}$、$a_{C,p}^{n_C *}$ 和 $a_{Sr,p}^{n_{Sr} *}$——稳态送风、污染源和空气自循环装置出风可及度。根据式（3-3），第 n_{Er} 个空气自循环装置吸风口的污染物浓度 $C_E^{n_{Er}}$ 表示为：

$$C_E^{n_{Er}} = \sum_{n_S=1}^{N_S} \left(C_S^{n_S} a_{S,n_{Er}}^{n_S *} \right) + \sum_{n_C=1}^{N_C} \left(\frac{J^{n_C}}{Q_t} a_{C,n_{Er}}^{n_C *} \right) + \sum_{n_{Sr}=1}^{N_R} \left(C_{Sr}^{n_{Sr}} a_{Sr,n_{Er}}^{n_{Sr} *} \right) \tag{3-4}$$

假设第 n_{Er} 个装置的净化效率为 $\eta_{n_{Er}}$，则 $C_E^{n_{Er}}$ 和 $C_{Sr}^{n_{Er}}$ 之间的关系为：

$$C_{Sr}^{n_{Er}} = C_E^{n_{Er}} \cdot (1 - \eta_{n_{Er}}) \tag{3-5}$$

将式（3-5）代入式（3-4）中，得到式（3-6）：

$$-C_{Sr}^1 a_{Sr,n_{Er}}^{1 *} - \dots - C_{Sr}^{n_{Er}} \left(a_{Sr,n_{Er}}^{n_{Er} *} - \frac{1}{1-\eta_{n_{Er}}} \right) - \dots - C_{Sr}^{N_R} a_{Sr,n_{Er}}^{N_R *}$$

$$= \sum_{n_S=1}^{N_S} \left(C_S^{n_S} a_{S,n_{Er}}^{n_S *} \right) + \sum_{n_C=1}^{N_C} \left(\frac{J^{n_C}}{Q_t} a_{C,n_{Er}}^{n_C *} \right) \tag{3-6}$$

对于 $n_{Er} = 1, \dots, N_R$，存在 N_R 个方程，在此基础上建立矩阵方程：

$$AX = B \tag{3-7}$$

式中：

$$A = \begin{bmatrix} -\left(a_{Sr,1}^{1 *} - \dfrac{1}{1-\eta_1} \right) & \cdots & -a_{Sr,1}^{n_{Er} *} & \cdots & -a_{Sr,1}^{N_R *} \\ \vdots & \ddots & \vdots & \vdots & \vdots \\ -a_{Sr,n_{Er}}^{1 *} & \cdots & -\left(a_{Sr,n_{Er}}^{n_{Er} *} - \dfrac{1}{1-\eta_{n_{Er}}} \right) & \cdots & -a_{Sr,n_{Er}}^{N_R *} \\ \vdots & \vdots & \vdots & \ddots & \vdots \\ -a_{Sr,N_R}^{1 *} & \cdots & -a_{Sr,N_R}^{n_{Er} *} & \cdots & -\left(a_{Sr,N_R}^{N_R *} - \dfrac{1}{1-\eta_{N_R}} \right) \end{bmatrix},$$

$$X = \begin{bmatrix} C_{Sr}^1 \\ \vdots \\ C_{Sr}^{n_{Er}} \\ \vdots \\ C_{Sr}^{N_R} \end{bmatrix}, \quad B = \begin{bmatrix} \displaystyle\sum_{n_S=1}^{N_S}(C_S^{n_S} a_{S,1}^{n_S *}) + \sum_{n_C=1}^{N_C}\left(\frac{J^{n_C}}{Q_t} a_{C,1}^{n_C *}\right) \\ \vdots \\ \displaystyle\sum_{n_S=1}^{N_S}(C_S^{n_S} a_{S,n_{Er}}^{n_S *}) + \sum_{n_C=1}^{N_C}\left(\frac{J^{n_C}}{Q_t} a_{C,n_{Er}}^{n_C *}\right) \\ \vdots \\ \displaystyle\sum_{n_S=1}^{N_S}(C_S^{n_S} a_{S,N_R}^{n_S *}) + \sum_{n_C=1}^{N_C}\left(\frac{J^{n_C}}{Q_t} a_{C,N_R}^{n_C *}\right) \end{bmatrix}$$

另 $A^{-1} = \begin{bmatrix} \alpha_{1,1} & \cdots & \alpha_{1,n_{Er}} & \cdots & \alpha_{1,N_R} \\ \vdots & \ddots & \vdots & \vdots & \vdots \\ \alpha_{n_{Er},1} & \cdots & \alpha_{n_{Er},n_{Er}} & \cdots & \alpha_{n_{Er},N_R} \\ \vdots & \vdots & \vdots & \ddots & \vdots \\ \alpha_{N_R,1} & \cdots & \alpha_{N_R,n_{Er}} & \cdots & \alpha_{N_R,N_R} \end{bmatrix}$，可以得到式（3-8）：

$$X = A^{-1}B$$

$$= \begin{bmatrix} \displaystyle\sum_{n_S=1}^{N_S}[C_S^{n_S}(a_{S,1}^{n_S *}\alpha_{1,1} + \cdots + a_{S,n_{Er}}^{n_S *}\alpha_{1,n_{Er}} + \cdots + a_{S,N_R}^{n_S *}\alpha_{1,N_R})] \\ + \displaystyle\sum_{n_C=1}^{N_C}\left[\frac{J^{n_C}}{Q_t}(a_{C,1}^{n_C *}\alpha_{1,1} + \cdots + a_{C,n_{Er}}^{n_C *}\alpha_{1,n_{Er}} + \cdots + a_{C,N_R}^{n_C *}\alpha_{1,N_R})\right] \\ \vdots \\ \displaystyle\sum_{n_S=1}^{N_S}[C_S^{n_S}(a_{S,1}^{n_S *}\alpha_{n_{Er},1} + \cdots + a_{S,n_{Er}}^{n_S *}\alpha_{n_{Er},n_{Er}} + \cdots + a_{S,N_R}^{n_S *}\alpha_{n_{Er},N_R})] \\ + \displaystyle\sum_{n_C=1}^{N_C}\left[\frac{J^{n_C}}{Q_t}(a_{C,1}^{n_C *}\alpha_{n_{Er},1} + \cdots + a_{C,n_{Er}}^{n_C *}\alpha_{n_{Er},n_{Er}} + \cdots + a_{C,N_R}^{n_C *}\alpha_{n_{Er},N_R})\right] \\ \vdots \\ \displaystyle\sum_{n_S=1}^{N_S}[C_S^{n_S}(a_{S,1}^{n_S *}\alpha_{N_R,1} + \cdots + a_{S,n_{Er}}^{n_S *}\alpha_{N_R,n_{Er}} + \cdots + a_{S,N_R}^{n_S *}\alpha_{N_R,N_R})] \\ + \displaystyle\sum_{n_C=1}^{N_C}\left[\frac{J^{n_C}}{Q_t}(a_{C,1}^{n_C *}\alpha_{N_R,1} + \cdots + a_{C,n_{Er}}^{n_C *}\alpha_{N_R,n_{Er}} + \cdots + a_{C,N_R}^{n_C *}\alpha_{N_R,N_R})\right] \end{bmatrix} \tag{3-8}$$

根据式（3-8），空气自循环装置的每个出风口的污染物浓度 C_{Sr}^1，$\cdots$，$C_{Sr}^{n_{Er}}$，$\cdots$，$C_{Sr}^{N_R}$ 可由独立的送风口和污染源的已知边界条件的线性叠加来表示。

将式（3-8）代入式（3-3）得到[1]：

$$C_p = \sum_{n_S=1}^{N_S}(C_S^{n_S}\widetilde{a}_{S,p}^{n_S}) + \sum_{n_C=1}^{N_C}\left(\frac{J^{n_C}}{Q_s}\widetilde{a}_{C,p}^{n_C}\right) \tag{3-9}$$

式中 $\widetilde{a}_{S,p}^{n_S}$ 和 $\widetilde{a}_{C,p}^{n_C}$ 表示为：

$$\widetilde{a}_{S,p}^{n_S} = a_{S,p}^{n_S *} + a_{Sr,p}^{1*}(a_{S,1}^{n_S *}\alpha_{1,1} + \cdots + a_{S,n_{Er}}^{n_S *}\alpha_{1,n_{Er}} + \cdots + a_{S,N_R}^{n_S *}\alpha_{1,N_R}) + \cdots$$

$$+ a_{Sr,p}^{n_{Er}*}(a_{S,1}^{n_S *}\alpha_{n_{Er},1} + \cdots + a_{S,n_{Er}}^{n_S *}\alpha_{n_{Er},n_{Er}} + \cdots + a_{S,N_R}^{n_S *}\alpha_{n_{Er},N_R})$$

$$+ \cdots + a_{Sr,p}^{N_R *}(a_{S,1}^{n_S *}\alpha_{N_R,1} + \cdots + a_{S,n_{Er}}^{n_S *}\alpha_{N_R,n_{Er}} + \cdots + a_{S,N_R}^{n_S *}\alpha_{N_R,N_R})$$

$$\widetilde{a}_{C,p}^{n_C} = (Q_s/Q_t)\big[a_{C,p}^{n_C *} + a_{Sr,p}^{1*}(a_{C,1}^{n_C *}\alpha_{1,1} + \cdots + a_{C,n_{Er}}^{n_C *}\alpha_{1,n_{Er}} + \cdots + a_{C,N_R}^{n_C *}\alpha_{1,N_R})$$

$$+ \cdots + a_{Sr,p}^{n_{Er}*}(a_{C,1}^{n_C *}\alpha_{n_{Er},1} + \cdots + a_{C,n_{Er}}^{n_C *}\alpha_{n_{Er},n_{Er}} + \cdots + a_{C,N_R}^{n_C *}\alpha_{n_{Er},N_R})$$

$$+ \cdots + a_{Sr,p}^{N_R *}(a_{C,1}^{n_C *}\alpha_{N_R,1} + \cdots + a_{C,n_{Er}}^{n_C *}\alpha_{N_R,n_{Er}} + \cdots + a_{C,N_R}^{n_C *}\alpha_{N_R,N_R})\big]$$

$$(3-10)$$

$\widetilde{a}_{S,p}^{n_S}$ 和 $\widetilde{a}_{C,p}^{n_C}$（$n_S=1, \ldots, N_S$，$n_C=1, \ldots, N_C$）是确定性值，可由一系列恒定的可及度表示。表达式中，$\widetilde{a}_{S,p}^{n_S}$ 通过耦合空气自循环装置的影响来量化送风的真实影响，类似地，$\widetilde{a}_{C,p}^{n_C}$ 通过耦合空气自循环装置的作用来量化污染源的真实影响。由于 $\widetilde{a}_{S,p}^{n_S}$、$\widetilde{a}_{C,p}^{n_C}$ 与可及度 $a_{S,p}^{n_S}(\tau)$、$a_{C,p}^{n_C}(\tau)$ 的原始定义不同，将其命名为"修正可及度"（Revised Accessibility，RA），包括修正送风可及度（Revised Accessibility of Supply Air，RASA）和修正污染源可及度（Revised Accessibility of Contaminant Source，RACS）。当不存在空气自循环装置时，$\widetilde{a}_{S,p}^{n_S}=a_{S,p}^{n_S *}=a_{S,p}^{n_S}$、$\widetilde{a}_{C,p}^{n_C}=a_{C,p}^{n_C *}=a_{C,p}^{n_C}$，式（3-9）变为式（3-2）。RASA、RACS 和 TASA、TACS 通过式（3-10）相关联，其中 RASA 和 RACS 是在 TASA 和 TACS 的基础上通过考虑空气自循环装置对污染物的传输作用来进行表达的。TASA、TACS 和 TAIC 适用于不带空气自循环装置的流场，而 RASA 和 RACS 适用于带空气自循环设备的流场。式（3-9）解耦了多个送风口和污染源的贡献，其中修正可及度是评估每个因素定量影响的关键指标。通过分析各影响因素的独立影响，可以确定导致目标区域污染的主导因素。所提出的指标不同于传统的通风评价指标，后者侧重于污染物的综合去除性能。理论上，修正可及度可用式（3-9）和式（3-10）计算，然而，由于表达式十分复杂，实际用于计算难度较大，获得修正可及度的可行的流程如下：

（1）建立带有空气自循环的固定流场。在已知的送风、热源和空气自循环条件下，进行模拟或实验以获得特定的流场。由于存在空气自循环，所建立的流场不同于没有空气自循环的传统流场。

（2）实施被动示踪气体的传输过程。维持流场不变，以恒定速率从目标送风口（对于 RASA）或污染源（对于 RACS）释放被动示踪气体，而其他送风口和源不释放示踪气体。采用模拟或测量方法获得稳定的浓度分布。值得注意的是，示踪气体应在受空气自循环影响的流场中传输，并且空气自循环装置的净化效率（如存在）在示踪气体的传输过程需要加入。

（3）计算修正可及度。通过任意点处的稳态浓度和目标送风口的恒定送风浓度来计算 RASA，而通过稳态浓度、源强度和独立送风口的总送风量来计算 RACS［参见式（2-3）和式（2-4）］。

（4）重复步骤（2）和（3），以获得每个送风口和污染源的 RASA 和 RACS。

建立两个案例（表示为算例 A 和算例 B）展示送风和污染源的影响，如图 3-2 和图 3-3 所示。房间尺寸为 4m（X）×2.5m（Y）×3m（Z）。两个送风口和排风口分别布置在顶

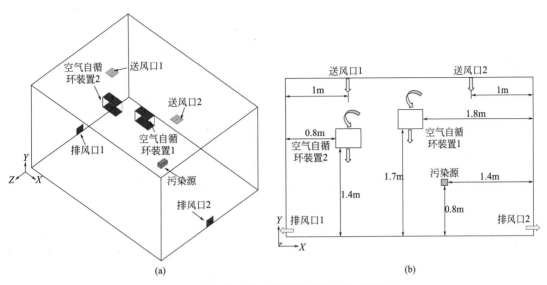

图 3-2　两个空气自循环装置的通风房间（算例A）

(a) 几何模型；（b）对象坐标

棚和两侧墙底部。每个风口尺寸为 0.2m×
0.2m，送风速度为 1m/s。算例 A 的房间
内有两个空气自循环装置（图 3-2），每个
装置的循环风量为 0.08m³/s。室内空气
通过上部的吸风口吸入每个装置，经过净
化后从下部的送风口送入室内。两个装置
每个风口尺寸为 0.4m×0.2m。空气自循
环装置 1 和 2 的净化效率分别为 0.3 和
0.2。代表性被动气体污染物从源位置释
放，壁面绝质。表 3-1 列出了算例 A 的各
工况设置。算例 A-1～算例 A-6 用于计算
修正可及度，算例 A-7 和算例 A-8 验证提
出的式（3-9）。通常空气幕在建筑门口安
装，以防止夏季的室外热空气或冬季的冷
空气进入室内，而当空气幕安装在房间内

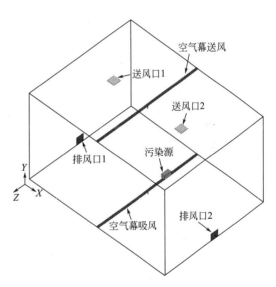

图 3-3　自循环空气幕的通风房间（算例B）

部而非外门时，其目的是为了进行房间空气分区，以抑制区域之间的热量或污染物传
递。采用图 3-3 所示模型房间，在房间中间安装空气幕以评估隔离性能。空气幕从地板
抽取空气，然后从顶部出风口射出循环空气。空气幕的吸风口和出风口尺寸均为 3m×
0.06m。设计了 3 种具有不同自循环风量的案例，即 0.09m³/s、0.18m³/s 和 0.36m³/s。
此外，还设计了另外两个算例进行比较，一个基于算例 A，但空气自循环装置净化效率为
0，用于与算例 A 结果进行比较；另一个是房间无空气自循环装置，用于与有空气自循环
装置的算例 A 和算例 B 的结果进行对比。

案例设置

表 3-1

算例编号	边界条件		
	送风口 1 送风浓度（ppm）	送风口 2 送风浓度（ppm）	源强度 （mg/s）
A-1	10	0	0
A-2	50	0	0
A-3	0	10	0
A-4	0	50	0
A-5	0	0	1.43
A-6	0	0	7.15
A-7	15	25	5
A-8	35	20	25

理论上，修正可及度在固定流场下应恒定，且使用式（3-9）计算的稳定污染物浓度（如修正可及度通过 CFD 模拟获得）应与 CFD 模拟精度相同。对算例 A 中在直线（$Y=1.2m$，$Z=1.5m$）上均布的 13 个位置的 RASA 和 RACS 进行监测，结果如图 3-4 所示。使用 10ppm 的送风浓度计算出的各送风口的 RASA 与使用 50ppm 的送风浓度下的 RASA 相等［图 3-4（a）和（b）］，表明 RASA 与送风污染物浓度的大小无关。同样，污染源的 RACS 与释放强度的取值大小无关［图 3-4（c）］。

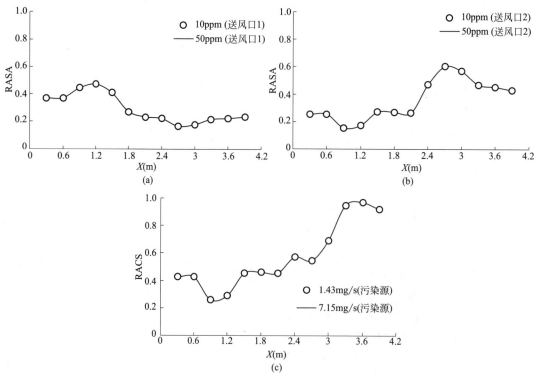

图 3-4 不同边界条件值计算的修正可及度比较

（a）送风口 1 的 RASA；（b）送风口 2 的 RASA；（c）污染源的 RACS

通过使用算例 A-1～A-6 获得 RASA 和 RACS 分布，并将送风浓度和源强度代入式（3-9），预测算例 A-7 和 A-8 中污染物浓度，与 CFD 模拟结果对比见图 3-5。无论送风浓度和污染源强度如何变化，任意位置的预测浓度都显示出与 CFD 模拟相同的精度。

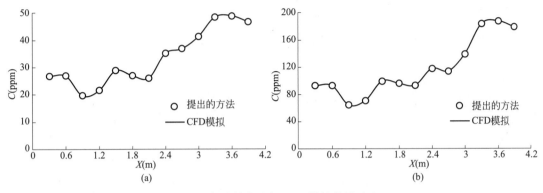

图 3-5　提出的方法与 CFD 模拟结果对比

（a）算例 A-7；（b）算例 A-8

通过与没有空气自循环的情况进行比较，分析了算例 A 中送风和污染源的定量影响，空气自循环装置不存在与存在时的流场对比见图 3-6。与无自循环装置的流场相比［图 3-6（a）］，自循环装置的存在显著改变了气流特性。空气射流由两个空气自循环装置产生，装置下方的区域直接受到循环射流的影响［图 3-6（b）］。空气自循环装置的气流对送风射流具有一定的吸引作用。

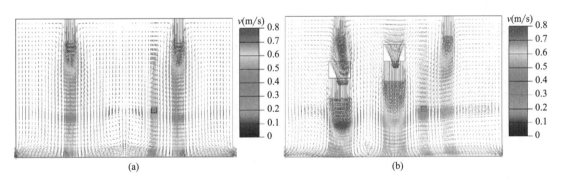

图 3-6　流场分布（Z＝1.5m）*

（a）无自循环气流；（b）有自循环气流

流场的差异导致可及度的显著差异，如图 3-7 所示，其中没有空气自循环的 RASA 和 RACS 指的是原始可及度。

对于没有空气自循环的房间［图 3-7（a）］，左侧区域的送风口 1 的 RASA 远大于右侧区域，表明送风口 1 对附近区域的影响更大。空气自循环装置改变了送风口 1 的 RASA 分布。从图 3-7（b）可以看出，左侧区域的送风口 1 的 RASA 降低，表明该风口的影响在减弱。当两个空气自循环装置具有一定的净化效率（0.3 和 0.2）时，由于该装置对污染物的去除功能，左侧区域送风口 1 的 RASA 进一步降低［图 3-7（c）］。无论是否存在空气自循环，送风口 2 对右侧区域中的附近区域具有更大的影响。未经净化的空气自循环装置在一定程度上降低了送风口 2 对右侧区域的影响［图 3-7（e）］，而净化效率为 0.3 和 0.2

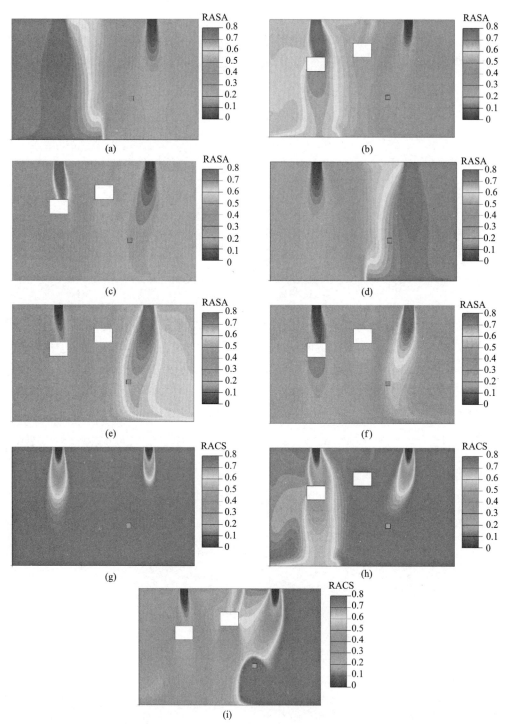

图 3-7　$Z = 1.5$m 处的修正可及度分布*

（a）无空气自循环的送风口 1 的 RASA；（b）有空气自循环的送风口 1 的 RASA（无净化作用）；
（c）有空气自循环的送风口 1 的 RASA（具有一定净化作用）；（d）无空气自循环的送风口 2 的 RASA；
（e）有空气自循环的送风口 2 的 RASA（无净化作用）；（f）有空气自循环的送风口 2 的 RASA
（具有一定净化作用）；（g）无空气自循环的 RACS；（h）有空气自循环的 RACS（无净化作用）；
（i）有空气自循环的 RACS（有一定净化作用）

的装置进一步降低了送风口 2 的影响 ［见图 3-7（f）］。当没有空气自循环装置时，污染源对大部分空间的影响更大 ［图 3-7（g）］。未经净化的空气自循环装置减少了污染源对靠近空气自循环装置 2 的局部区域的影响 ［图 3-7（h）］，提高了该区域的保护能力。当空气自循环装置具有一定的净化效率时，会保护更多的区域 ［图 3-7（i）］。

自循环空气幕不同出风量下的流场如图 3-8 所示。与没有空气幕的情况相比，空气幕在房间中央建立了气流屏障 ［图 3-8（a）］。随着空气幕风量增加，垂直向下的射流变得更强。然而，空气幕气流对送风气流在受限空间内形成了卷吸，导致送风射流向空气幕偏转。当空气幕风量为 $0.36 \mathrm{m}^3/\mathrm{s}$（即出风口速度为 2m/s）时，诱导效应导致两侧的漩涡增强，增加了左右区域内的混合。

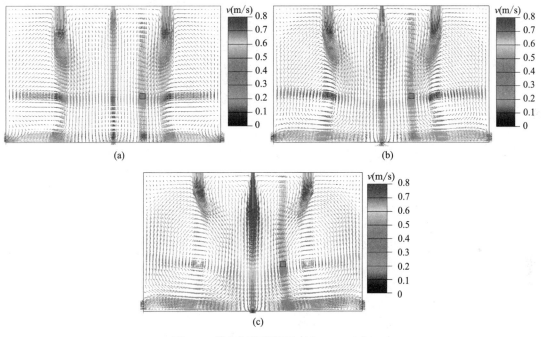

图 3-8　带空气幕的流场（$Z=1.5 \mathrm{m}$）*
（a）循环风量 $0.09 \mathrm{m}^3/\mathrm{s}$；（b）循环风量 $0.18 \mathrm{m}^3/\mathrm{s}$；（c）循环风量 $0.36 \mathrm{m}^3/\mathrm{s}$

根据特定的流场，RASA 和 RACS 剖面见图 3-9～图 3-11。图 3-12 为久坐者（$Y=1.2 \mathrm{m}$）左半区域的平均 RASA 和 RACS。

与无空气幕情况 ［图 3-7（a）］相比，空气幕的安装削弱了送风口 1 对左侧区域的主要影响，但加强了对右侧区域的影响（图 3-9）。随着自循环空气幕风量的增加，送风射流朝向空气幕的偏转角增加，送风口 1 的主控区域减小。如图 3-12 所示，左侧占据区域送风口 1 的平均 RASA 从 0.69 降至 0.54。同样，送风口 2 的主控区域随空气幕风量增加而减小（图 3-10）。送风口 2 对远处区域的影响增加，左侧区域的平均 RASA 从 0.31 增加到 0.46。空气幕显著改变了污染源的影响范围。当空气幕以 $0.09 \mathrm{m}^3/\mathrm{s}$ 的出流速度运行时，与没有空气幕的情况相比，左侧区域的 RACS 显著降低 ［图 3-11（a）］。该区域的平均 RACS 从 1.03 降低到 0.64（图 3-12），表明对污染物的隔离作用有效。空气幕风量进一步增加到 $0.18 \mathrm{m}^3/\mathrm{s}$ 并不能显著提高防护性能 ［图 3-11（b）］。当气流速度增加到 $0.36 \mathrm{m}^3/\mathrm{s}$ 时，空气幕射流的强烈卷吸削弱了保护作用 ［图 3-11（c）］，平均 RACS 从 0.64（$0.09 \mathrm{m}^3/\mathrm{s}$）增

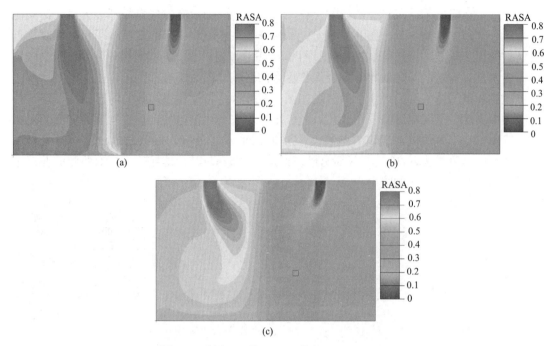

图 3-9 送风口 1 的 RASA 分布（$Z=1.5\mathrm{m}$）*

（a）循环风量 $0.09\mathrm{m}^3/\mathrm{s}$；（b）循环风量 $0.18\mathrm{m}^3/\mathrm{s}$；（c）循环风量 $0.36\mathrm{m}^3/\mathrm{s}$

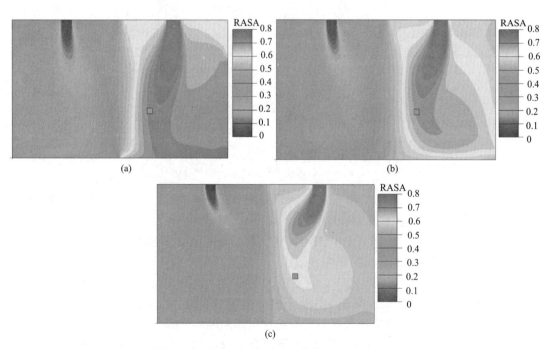

图 3-10 送风口 2 的 RASA 分布（$Z=1.5\mathrm{m}$）*

（a）循环风量 $0.09\mathrm{m}^3/\mathrm{s}$；（b）循环风量 $0.18\mathrm{m}^3/\mathrm{s}$；（c）循环风量 $0.36\mathrm{m}^3/\mathrm{s}$

加到 0.86（$0.36\mathrm{m}^3/\mathrm{s}$）。因此，空气幕的保护效果不会随着风量增加而单调增加，需要对空气幕进行参数优化，以获得更好的保护效果。

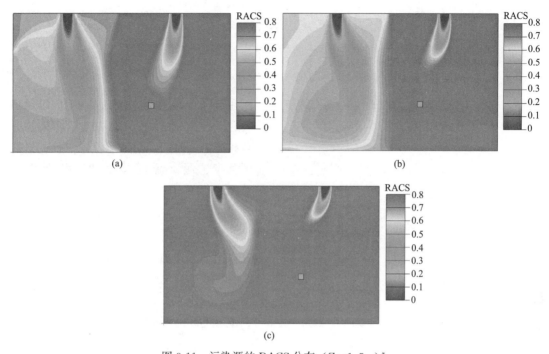

图 3-11　污染源的 RACS 分布（$Z=1.5\text{m}$）[*]

（a）循环风量 $0.09\text{m}^3/\text{s}$；（b）循环风量 $0.18\text{m}^3/\text{s}$；（c）循环风量 $0.36\text{m}^3/\text{s}$

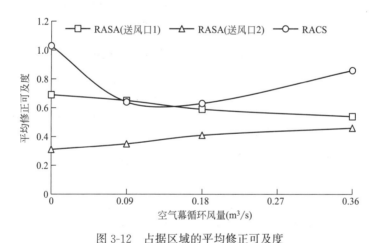

图 3-12　占据区域的平均修正可及度

3.3　自循环气流下动态污染物分布表达式

从某个初始状态开始的污染物瞬态传播过程来看，受空气自循环装置吸风浓度动态变化的影响，来自每个空气自循环装置的出风口的浓度与时间有关。假设在第 i 个时间步时来自第 n_{Sr} 个空气自循环装置的出风口的污染物浓度为 $C_{Sr}^{n_{Sr}}(i\Delta\tau)$，在由 N_S 个送风口和 N_R 个空气自循环装置建立的固定流场中，点 p 处的瞬态污染物浓度表示为：

$$C_p(j\Delta\tau) = \sum_{n_S=1}^{N_S} [C_S^{n_S} a_{S,p}^{n_S*}(j\Delta\tau)] + \sum_{n_C=1}^{N_C} \left[\frac{J^{n_C}}{Q_t} a_{C,p}^{n_C*}(j\Delta\tau)\right] + \overline{C}_0 a_{I,p}^*(j\Delta\tau) + \\ \sum_{n_{Sr}=1}^{N_R} \sum_{i=0}^{j} \{C_{Sr}^{n_{Sr}}(i\Delta\tau) Y_{Sr,p}^{n_{Sr}*}[(j-i)\Delta\tau]\}$$

(3-11)

式中，$a_{S,p}^{n_S*}(j\Delta\tau)$、$a_{C,p}^{n_C*}(j\Delta\tau)$ 和 $a_{I,p}^*(j\Delta\tau)$——存在自循环装置时，来自第 n_S 个送风口的送风、第 n_C 个污染源和初始污染物分布在第 j 个时间步对任意位置 p 处的送风可及度、污染源可及度和初始条件可及度；

$\Delta\tau$——时间间隔；

$Y_{Sr,p}^{n_{Sr}*}[(j-i)\Delta\tau]$——任意位置 p 在第 j 个时间步对第 n_{Sr} 个空气自循环装置出风口在第 i 个时间步的送风响应系数。送风响应系数量化了空气自循环装置出风口瞬时释放的污染脉冲对任意位置的瞬态影响，定义为[2]：

$$Y_{S,p}^{n_S}(j\Delta\tau) = \frac{C_p(j\Delta\tau)}{C_S^{n_S,0}}, \quad C_S^{n_S}(\tau) = \begin{cases} C_S^{n_S,0} & -\Delta\tau/2 \leqslant \tau \leqslant \Delta\tau/2 \\ 0 & \text{其他} \end{cases}$$

(3-12)

式中，$C_S^{n_S,0}$——第 n_S 个送风口在第 0 个时间步的脉冲污染物浓度，详见第 3 章参考文献 [2]。

基于式 (3-11)，在第 j 个时间步长第 n_{Er} 个装置吸风口的吸风污染物浓度 $C_E^{n_{Er}}(j\Delta\tau)$ 表示为：

$$C_E^{n_{Er}}(j\Delta\tau) = \sum_{n_S=1}^{N_S} [C_S^{n_S} a_{S,n_{Er}}^{n_S*}(j\Delta\tau)] + \sum_{n_C=1}^{N_C} \left[\frac{J^{n_C}}{Q_t} a_{C,n_{Er}}^{n_C*}(j\Delta\tau)\right] + \overline{C}_0 a_{I,n_{Er}}^*(j\Delta\tau) + \\ \sum_{n_{Sr}=1}^{N_R} \sum_{i=0}^{j} \{C_{Sr}^{n_{Sr}}(i\Delta\tau) Y_{Sr,n_{Er}}^{n_{Sr}*}[(j-i)\Delta\tau]\}$$

(3-13)

假设第 n_{Er} 个空气自循环装置的净化效率为 $\eta_{n_{Er}}$。对于大多数空气自循环装置而言，吸风口和出风口之间的距离较短，忽略污染物从每个装置的吸风口传输到出风口的时间延迟。$C_E^{n_{Er}}(j\Delta\tau)$ 和 $C_{Sr}^{n_{Er}}(j\Delta\tau)$ 之间的关系表示为：

$$C_{Sr}^{n_{Er}}(j\Delta\tau) = C_E^{n_{Er}}(j\Delta\tau) \cdot (1 - \eta_{n_{Er}})$$

(3-14)

由式 (3-13) 和式 (3-14)，得到式 (3-15)：

$$C_{Sr}^{n_{Er}}(j\Delta\tau) = \left\{\sum_{n_S=1}^{N_S} [C_S^{n_S} a_{S,n_{Er}}^{n_S*}(j\Delta\tau)] + \sum_{n_C=1}^{N_C} \left[\frac{J^{n_C}}{Q_t} a_{C,n_{Er}}^{n_C*}(j\Delta\tau)\right] + \overline{C}_0 a_{I,n_{Er}}^*(j\Delta\tau) \\ + \sum_{n_{Sr}=1}^{N_R} \sum_{i=0}^{j} \{C_{Sr}^{n_{Sr}}(i\Delta\tau) Y_{Sr,n_{Er}}^{n_{Sr}*}[(j-i)\Delta\tau]\}\right\} \cdot (1 - \eta_{n_{Er}})$$

(3-15)

对于 $j=0$，$C_{\mathrm{Sr}}^{n_{\mathrm{Er}}}(0)=\overline{C}_0 a_{\mathrm{I},n_{\mathrm{Er}}}^{*}(0) \cdot (1-\eta_{n_{\mathrm{Er}}})$；对于 $j=1$，$C_p(\Delta\tau)$ 和 $C_{\mathrm{Sr}}^{n_{\mathrm{Er}}}(\Delta\tau)$ 表示为：

$$C_p(\Delta\tau)=\sum_{n_{\mathrm{S}}=1}^{N_{\mathrm{S}}}\left[C_{\mathrm{S}}^{n_{\mathrm{S}}} a_{\mathrm{S},p}^{n_{\mathrm{S}}\,*}(\Delta\tau)\right]+\sum_{n_{\mathrm{C}}=1}^{N_{\mathrm{C}}}\left[\frac{J^{n_{\mathrm{C}}}}{Q_{\mathrm{t}}} a_{\mathrm{C},p}^{n_{\mathrm{C}}\,*}(\Delta\tau)\right]$$

$$+\overline{C}_0\left\{a_{\mathrm{I},p}^{*}(\Delta\tau)+\sum_{n_{\mathrm{Er}}=1}^{N_{\mathrm{R}}}\left[a_{\mathrm{I},n_{\mathrm{Er}}}^{*}(0)(1-\eta_{n_{\mathrm{Er}}})Y_{\mathrm{Sr},p}^{n_{\mathrm{Er}}\,*}(\Delta\tau)\right]\right\}$$

$$C_{\mathrm{Sr}}^{n_{\mathrm{Er}}}(\Delta\tau)=\left\{\sum_{n_{\mathrm{S}}=1}^{N_{\mathrm{S}}}\left[C_{\mathrm{S}}^{n_{\mathrm{S}}} a_{\mathrm{S},n_{\mathrm{Er}}}^{n_{\mathrm{S}}\,*}(\Delta\tau)\right]+\sum_{n_{\mathrm{C}}=1}^{N_{\mathrm{C}}}\left[\frac{J^{n_{\mathrm{C}}}}{Q_{\mathrm{t}}} a_{\mathrm{C},n_{\mathrm{Er}}}^{n_{\mathrm{C}}\,*}(\Delta\tau)\right]\right. \tag{3-16}$$

$$\left.+\overline{C}_0\left\{a_{\mathrm{I},n_{\mathrm{Er}}}^{*}(\Delta\tau)+\sum_{n_{\mathrm{Sr}}=1}^{N_{\mathrm{R}}}\left[a_{\mathrm{I},n_{\mathrm{Sr}}}^{*}(0)\cdot(1-\eta_{n_{\mathrm{Sr}}})Y_{\mathrm{Sr},n_{\mathrm{Er}}}^{n_{\mathrm{Sr}}\,*}(\Delta\tau)\right]\right\}\right\}\cdot(1-\eta_{n_{\mathrm{Er}}})$$

$C_p(\Delta\tau)$ 和 $C_{\mathrm{Sr}}^{n_{\mathrm{Er}}}(\Delta\tau)$ 都由独立已知变量（即 $C_{\mathrm{S}}^{n_{\mathrm{S}}}$、$J^{n_{\mathrm{C}}}$ 和 $\overline{C}_0$）的线性叠加表示。

对于 $j=2$，$C_p(2\Delta\tau)$ 和 $C_{\mathrm{Sr}}^{n_{\mathrm{Er}}}(2\Delta\tau)$ 表示为：

$$C_p(2\Delta\tau)=\sum_{n_{\mathrm{S}}=1}^{N_{\mathrm{S}}}\left[C_{\mathrm{S}}^{n_{\mathrm{S}}} a_{\mathrm{S},p}^{n_{\mathrm{S}}\,*}(2\Delta\tau)\right]+\sum_{n_{\mathrm{C}}=1}^{N_{\mathrm{C}}}\left[\frac{J^{n_{\mathrm{C}}}}{Q_{\mathrm{t}}} a_{\mathrm{C},p}^{n_{\mathrm{C}}\,*}(2\Delta\tau)\right]$$

$$+\overline{C}_0 a_{\mathrm{I},p}^{*}(2\Delta\tau)+\sum_{n_{\mathrm{Sr}}=1}^{N_{\mathrm{R}}}\sum_{i=0}^{2}\left\{C_{\mathrm{Sr}}^{n_{\mathrm{Sr}}}(i\Delta\tau)Y_{\mathrm{Sr},p}^{n_{\mathrm{Sr}}\,*}\left[(2-i)\Delta\tau\right]\right\}$$

$$C_{\mathrm{Sr}}^{n_{\mathrm{Er}}}(2\Delta\tau)=\left\{\sum_{n_{\mathrm{S}}=1}^{N_{\mathrm{S}}}\left[C_{\mathrm{S}}^{n_{\mathrm{S}}} a_{\mathrm{S},n_{\mathrm{Er}}}^{n_{\mathrm{S}}\,*}(2\Delta\tau)\right]+\sum_{n_{\mathrm{C}}=1}^{N_{\mathrm{C}}}\left[\frac{J^{n_{\mathrm{C}}}}{Q_{\mathrm{t}}} a_{\mathrm{C},n_{\mathrm{Er}}}^{n_{\mathrm{C}}\,*}(2\Delta\tau)\right]\right. \tag{3-17}$$

$$\left.+\overline{C}_0 a_{\mathrm{I},n_{\mathrm{Er}}}^{*}(2\Delta\tau)+\sum_{n_{\mathrm{Sr}}=1}^{N_{\mathrm{R}}}\sum_{i=0}^{2}\left\{C_{\mathrm{Sr}}^{n_{\mathrm{Sr}}}(i\Delta\tau)Y_{\mathrm{Sr},n_{\mathrm{Er}}}^{n_{\mathrm{Sr}}\,*}\left[(2-i)\Delta\tau\right]\right\}\right\}\cdot(1-\eta_{n_{\mathrm{Er}}})$$

$C_p(2\Delta\tau)$ 和 $C_{\mathrm{Sr}}^{n_{\mathrm{Er}}}(2\Delta\tau)$ 都由已知变量 [即 $C_{\mathrm{S}}^{n_{\mathrm{S}}}$、$J^{n_{\mathrm{C}}}$、$\overline{C}_0$、$C_{\mathrm{Sr}}^{n_{\mathrm{Sr}}}(0)$ 和 $C_{\mathrm{Sr}}^{n_{\mathrm{Sr}}}(\Delta\tau)$] 的线性叠加表示。根据上述推导，$C_{\mathrm{Sr}}^{n_{\mathrm{Sr}}}(0)$ 和 $C_{\mathrm{Sr}}^{n_{\mathrm{Sr}}}(\Delta\tau)$ 也由 $C_{\mathrm{S}}^{n_{\mathrm{S}}}$、$J^{n_{\mathrm{C}}}$ 和 $\overline{C}_0$ 的线性叠加表示，因此，$C_p(2\Delta\tau)$ 和 $C_{\mathrm{Sr}}^{n_{\mathrm{Er}}}(2\Delta\tau)$ 可以用 $C_{\mathrm{S}}^{n_{\mathrm{S}}}$、$J^{n_{\mathrm{C}}}$ 和 $\overline{C}_0$ 的线性叠加来表示。

同样，对于 $j=3,4,5,\cdots$，也可以基于前面时间步长中的表达式进行类似的推导，$C_p(j\Delta\tau)$ 和 $C_{\mathrm{Sr}}^{n_{\mathrm{Er}}}(j\Delta\tau)$ 可以由 $C_{\mathrm{S}}^{n_{\mathrm{S}}}$、$J^{n_{\mathrm{C}}}$ 和 $\overline{C}_0$ 的线性叠加来表示。因此，$C_p(j\Delta\tau)$ 可表示为[3]：

$$C_p(j\Delta\tau)=\sum_{n_{\mathrm{S}}=1}^{N_{\mathrm{S}}}\left[C_{\mathrm{S}}^{n_{\mathrm{S}}}\widetilde{a}_{\mathrm{S},p}^{n_{\mathrm{S}}}(j\Delta\tau)\right]+\sum_{n_{\mathrm{C}}=1}^{N_{\mathrm{C}}}\left[\frac{J^{n_{\mathrm{C}}}}{Q_{\mathrm{s}}}\widetilde{a}_{\mathrm{C},p}^{n_{\mathrm{C}}}(j\Delta\tau)\right]+\overline{C}_0\widetilde{a}_{\mathrm{I},p}(j\Delta\tau) \tag{3-18}$$

$\widetilde{a}_{\mathrm{S},p}^{n_{\mathrm{S}}}(j\Delta\tau)$、$\widetilde{a}_{\mathrm{C},p}^{n_{\mathrm{C}}}(j\Delta\tau)$ 和 $\widetilde{a}_{\mathrm{I},p}(j\Delta\tau)$（$n_{\mathrm{S}}=1,\ldots,N_{\mathrm{S}}$；$n_{\mathrm{C}}=1,\ldots,N_{\mathrm{C}}$）在每个时间步是恒定的，其中空气自循环装置的定量影响被集成到独立的送风口、污染源和初始污染物条件的影响中。尽管式（3-18）和式（2-2）具有相似的表达式，但关键指标 $[\widetilde{a}_{\mathrm{S},p}^{n_{\mathrm{S}}}(j\Delta\tau)$，$\widetilde{a}_{\mathrm{C},p}^{n_{\mathrm{C}}}(j\Delta\tau)$，$\widetilde{a}_{\mathrm{I},p}(j\Delta\tau)]$ 和 $[a_{\mathrm{S},p}^{n_{\mathrm{S}}}(j\Delta\tau)$，$a_{\mathrm{C},p}^{n_{\mathrm{C}}}(j\Delta\tau)$，$a_{\mathrm{I},p}(j\Delta\tau)]$ 的特点完全不同。指标 $\widetilde{a}_{\mathrm{S},p}^{n_{\mathrm{S}}}(j\Delta\tau)$、$\widetilde{a}_{\mathrm{C},p}^{n_{\mathrm{C}}}(j\Delta\tau)$ 和 $\widetilde{a}_{\mathrm{I},p}(j\Delta\tau)$ 被定义为修正瞬态可及度（Revised Transient Accessibility，RTA），包括修正瞬态送风可及度（Revised Transient Accessibility of Supply Air，RTASA）、修正瞬态污染源可及度（Revised Transient Accessibility of Contaminant Source，RTACS）和修正瞬态初始条件可及度（Revised Transient Accessibility of Initial Condition，RTAIC）。RTASA、RTACS 和 RTAIC 是反映流场特征的无

量纲指标。RTASA 量化了在具有自循环气流的固定流场下，每个送风口对任意位置的瞬态影响；RTACS 量化了在具有自循环气流的固定流场下，每个污染源对任意位置的瞬态影响；RTAIC 量化了在具有自循环气流的固定流场下，初始污染物分布对任意位置上的瞬态影响。RTASA、RTACS 和 RTAIC 分别适用于评估送风、污染源和初始污染条件的影响。修正瞬态可及度可用式（2-3）～式（2-5）的定义进行计算，但应注意，在进行可及度指标计算时，采用的污染物浓度需要包含回风污染物浓度和净化效率对空气自循环装置出风污染物浓度的影响。在房间内没有空气自循环装置的情况下，修正可及度指标与原始瞬态可及度指标相同。式（3-18）解耦了送风口、污染源和初始污染物条件对瞬态污染物分布的独立影响。当获得修正可及度指标可用时，可以快速计算瞬态污染物浓度。修正可及度指标获得流程类似于第 3.2 节的稳态指标获得流程，不同的是需要进行瞬态的污染物模拟。

使用修正可及度指标对场景 A 和场景 B 进行评估，场景 A 的几何模型见图 3-13，场景 B 的几何模型见图 3-3。两算例房间尺寸相同，为 4m（X）×2.5m（Y）×3m（Z），顶棚有两个送风口（0.2m×0.2m），两侧墙底部有两个排风口（0.2m×0.2m），送风速度为 1m/s。算例 A 对空气净化器的影响进行量化，空气净化器循环风量为 0.08m³/s，出流速度为 2.5m/s，净化效率分别设为 30% 和 0，以区分仅循环气流的影响和循环气流与净化的共同影响。算例 B 中，空气幕出风口宽度为 0.06m，循环风量为 0.18m³/s，出风速度为 1m/s。

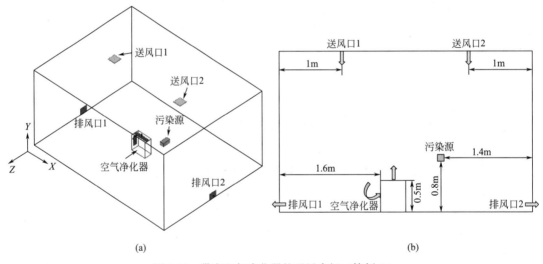

(a)   (b)

图 3-13 带有空气净化器的通风房间（算例 A）

(a) 几何模型；(b) 对象坐标

通过算例 A 使用提出方法与被动气体污染物传输的 CFD 模拟结果进行比较，验证提出的污染物分布表达式的可靠性。将均匀的初始污染物浓度设为 10ppm 以计算 RTAIC，送风口 1 的送风污染物浓度设为 10ppm 以计算该送风口 RTASA，送风口 2 的送风污染物浓度设为 10ppm 以计算该送风口 RTASA，污染物释放速率设为 1.43mg/s 以计算 RTACS。修正可及度曲线如图 3-14 所示。在验证场景中，送风口 1 和 2 的污染物浓度分别设为 35ppm 和 20ppm，污染物释放速率设为 25mg/s，将均匀的初始污染物浓度设为 5ppm，比较结果如图 3-14 所示。采用提出的线性叠加方法预测的瞬态污染物浓度与 CFD

模拟结果在两种情况下的精度相同（无净化和净化效率30%），因此，所提出的修正瞬态可及度和相应表达式适用于预测和评估具有空气自循环的通风空间瞬态污染物分布。

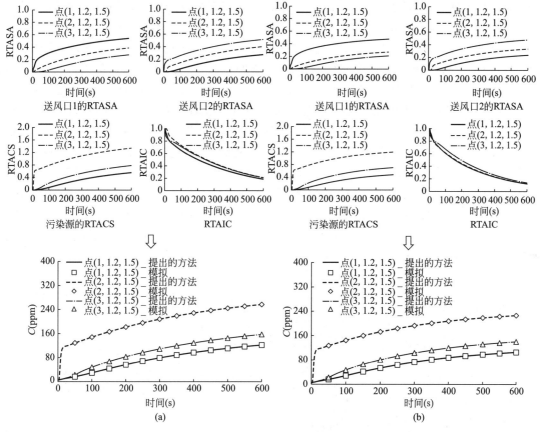

图 3-14　所提出方法的验证
（a）无净化作用；（b）净化效率30%

　　存在空气净化器的流场见图 3-15。空气净化器的存在显著改变了流场特性，来自空气净化器的出风射流强烈卷吸周围空气，并促使两个送风口的送风射流向外偏转。空气净化器射流和房间送风口之间的空气射流相互作用，导致了两个不同尺寸的涡流。左下侧空气受到空气净化器的吸风口影响。

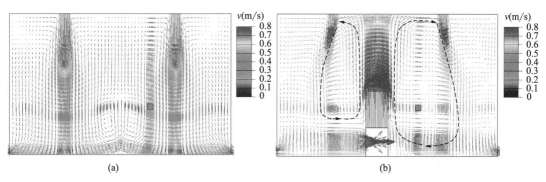

图 3-15　$Z=1.5$m 截面的流场分布*
（a）无空气净化器；（b）有空气净化器

图 3-16 展示了送风口 1 的 RTASA 分布，为进行比较，同时展示了没有空气自循环的瞬态可及度分布。在 10s 时，送风口 1 的气流对射流路径的小范围内有明显的影响。空气净化器的自循环气流的存在改变了送风射流路径，导致具有相对较大 RTASA 的区域向空气净化器吸风口偏转。由于此时送风口 1 的送风没有影响空气净化器的吸风区域，空气净化器（净化效率 30%）并没有立即产生净化效果，因此，净化效率为 30% 的空气净化器的 RTASA 分布与净化效率为 0 的空气净化器的 RTASA 分布一致。随着时间增加到 1min，送风气流对左侧区域的影响显著增加，然而，主要影响区域仍为空气射流附近区域。空气净化器的净化功能对可及度的分布仍然没有显著影响。随着时间增加到 5min，左侧更多区域受送风口 1 的影响，同时，在空气净化器的作用下，送风气流对右侧区域的影响增加，表明自循环气流从送风口 1 中吸取污染物，并将其输送到右侧区域。此时，送风气流对空气净化器吸风口的影响变得更大，净化效果开始发挥作用。在靠近空气净化器出风口的区域，效率为 30% 的空气净化器作用的 RTASA 低于未净化下的 RTASA。当时间增加到 10min 时，由于存在自循环气流（效率为 0），右侧区域受到送风口 1 的送风气流的影响更大。与没有空气净化器的情况相比，效率为 30% 的空气净化器降低了送风气流的影响，左侧和右侧区域的 RTASA 均降低。

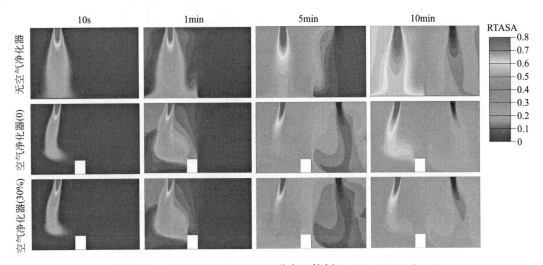

图 3-16 送风口 1 的 RTASA 分布（算例 A，$Z = 1.5m$）*

送风口 2 的 RTASA 分布见图 3-17。在 10s 时，送风口 2 的送风气流影响范围较小。自循环气流改变了送风口 2 的射流路径，导致 RTASA 分布发生变化。与送风口 1 相比，送风口 2 对周围区域的影响更大。随着时间的推移，RTASA 有所增加，直到 1min 时，空气净化器的净化效果才开始体现，RTASA 开始减小。在 5min 和 10min 时，与没有自循环气流的情况相比，左侧区域受到送风口 2 的影响更大。

污染源的 RTACS 分布见图 3-18。在 10s 时，空气净化器上升的气流将污染物向上携带，这导致污染源对上部区域有更大的影响。随着时间增加到 1min，污染源的显著影响扩展到右侧区域的上部空间，此时，空气净化器的净化作用尚未引起 RTACS 的变化。在 5min 和 10min 时，RTACS 增加。与没有自循环气流的情况相比，即使只有自循环气流（效率为 0），RTACS 小于 0.8 的区域也更多。空气净化器的净化功能在 10min 时显著降

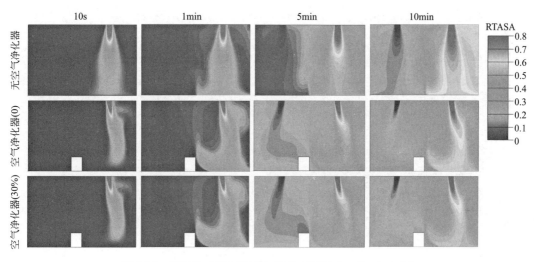

图 3-17　送风口 2 的 RTASA 分布（算例 A，$Z=1.5$m）*

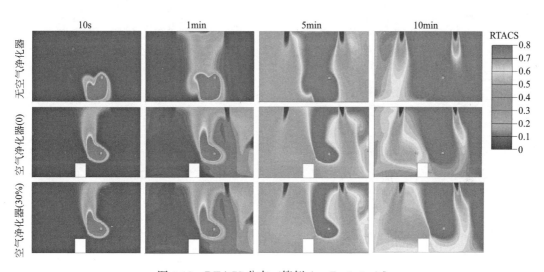

图 3-18　RTACS 分布（算例 A，$Z=1.5$m）*

低了 RTACS，更多的区域得到了更好的保护。

　　RTAIC 分布见图 3-19。在 10s 时，初始污染物对大部分空间产生了显著影响。随着时间的增加，RTAIC 降低。在 5min 时，整体 RTAIC 显著下降；在 10min 时，大多数区域的 RTAIC 降至 0.2 以下。有空气净化器的 RTAIC 分布与没有空气净化器的不同，初始阶段就可以发现净化功能在降低 RTAIC 中的作用。

　　送风口 1 下方的 P1（1m，1.2m，1.5m）和空气净化器上方的 P2（2m，1.2m，1.5m）处的修正瞬态可及度曲线见图 3-20。由于自循环气流对流场的影响，与没有空气自循环的情况相比，P1 处的送风口 1 和 2 的 RTASA 与 P2 处的 RTACS 和 RTAIC 发生了显著变化。一段时间之后，空气净化器的净化效果开始起作用，降低送风口 1 和 2 的 RTASA 以及 RTACS。由于净化器吸风口在初始阶段被污染物包围，净化效果在初始时间即开始降低 RTAIC。

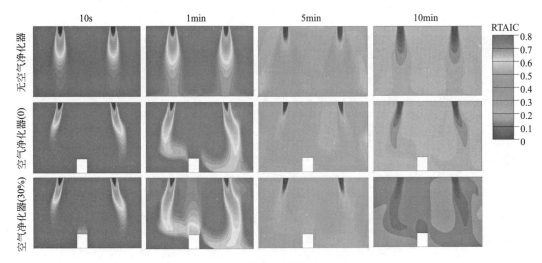

图 3-19　RTAIC 分布（算例 A，$Z = 1.5$m）*

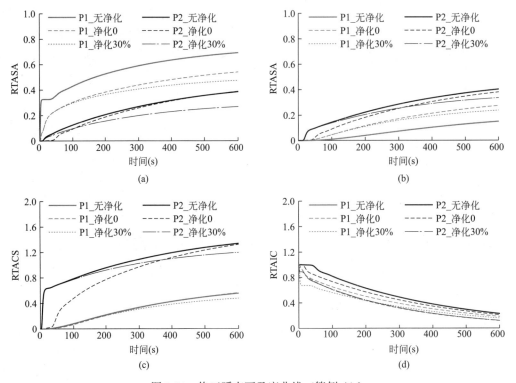

图 3-20　修正瞬态可及度曲线（算例 A）*

(a) 送风口 1 的 RTASA；(b) 送风口 2 的 RTASA；(c) RTACS；(d) RTAIC

　　使用自循环空气幕的流场如图 3-21 所示。空气幕射流在房间中央形成了垂直向下的气流屏障。空气幕射流以 1m/s 的中等速度卷吸周围空气，轴心速度随射流运动而衰减。两股房间送风气流向空气幕偏转，由于送风射流的偏转，形成了两个对称的漩涡。

　　存在自循环空气幕时，RTASA、RTACS 和 RTAIC 分布如图 3-22 所示。自循环空气幕的使用改变了射流路径。在 10s 时，送风口 1 的送风气流影响范围向空气幕偏转。由于涡

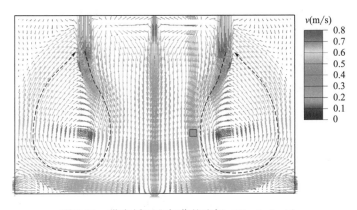

图 3-21　带自循环空气幕的流场（$Z=1.5\text{m}$）*

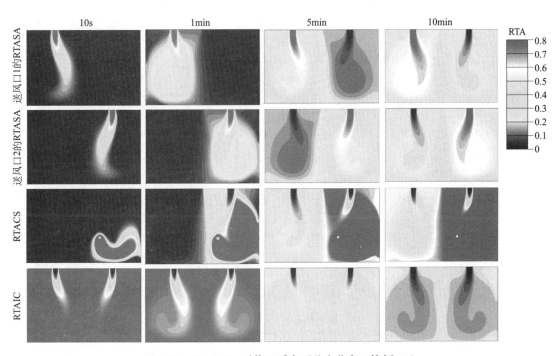

图 3-22　$Z=1.5\text{m}$ 时修正瞬态可及度分布（算例 B）*

流的混合，在 1min 时，送风口 1 对空气射流外区域的影响比没有空气幕时更大（图 3-16）。在 5min 和 10min 时，由于空气幕的自循环气流将污染物从左侧区域输送到右侧区域，导致右侧区域的 RTASA 增加。由于送风口 1 和 2 的两股空气射流的对称性，送风口 2 的 RTASA 分布的变化与送风口 1 相似。污染源释放的污染物随气流传输，并在前 10s 内在污染源附近的小区域 RTACS 较大。在 1min 时，在没有空气幕的情况下，污染源对左侧区域的影响显著增加（图 3-18），而使用空气幕后，整个左侧区域受到污染源的影响较小。在 5min 和 10min 时，左侧区域受到空气幕的保护，而在没有空气幕的情况下，左侧区域污染严重。自循环空气幕在整个时间段内显著减少了保护区内的污染，即使空气幕的出风气流引自室内而非室外空气，仍可在很大程度上隔离污染。空气幕引起的流场变化导致了不同时间 RTAIC 分布的变化。由于空气幕导致了送风射流偏转，沿射流路径的 RTAIC

比其他区域下降更快。

在送风口 1 下方的 P1（1m，1.2m，1.5m）和空气幕出风气流中的 P2（2m，1.2m，1.5m）处的修正瞬态可及度见图 3-23。与没有空气幕的情况相比，空气幕的安装显著降低了 P1 处送风口 1 的 RTASA，并增加了 P1 处送风口 2 的 RTASA。P2 的 RTASA 略有变化。在各可及度指标中，TACS 表现出最大的变化，P2 在 600s 时的 TACS 从 1.33 降至 0.77，表明空气幕出风气流传输的污染物显著减少，右侧区域高污染被有效隔离。空气幕延缓了 P1 处 RTAIC 的降低速度。

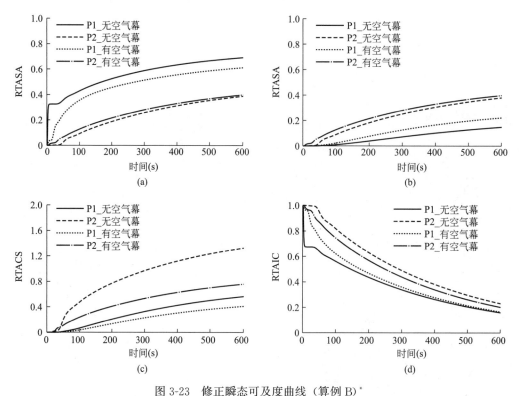

图 3-23　修正瞬态可及度曲线（算例 B）*
（a）送风口 1 的 RTASA；（b）送风口 2 的 RTASA；（c）RTACS；（d）RTAIC

3.4　本章小结

本章对固定流场条件下，室内存在循环空气处理装置的组分传播过程进行分析，提出了考虑循环气流和净化效率影响的修正送风可及度、修正污染源可及度、修正初始条件可及度指标，建立了对应的稳态污染物分布表达式和瞬态污染物分布表达式。采用修正可及度指标对通风房间中设置空气净化器和内循环空气幕两种情况进行评价，结果表明，循环气流增加了每个送风口对远处区域的修正送风可及度，净化功能仅在一段时间之后才开始对修正送风、污染源可及度发挥可见作用，而对于修正初始条件可及度而言，初始时刻即发挥作用。对于空气幕而言，保护区内的修正污染源可及度显著降低，对污染的抑制作用明显。

第3章参考文献

［1］Shao X，Liang S，Li X，et al. Quantitative effects of supply air and contaminant sources on steady contaminant distribution in ventilated space with air recirculation ［J］. Building and Environment，2020，171：106672.

［2］Li X，Zhu F. Response coefficient：A new concept to evaluate ventilation performance with "Pulse" boundary conditions ［J］. Indoor and Built Environment，2009，18：189-204.

［3］Shao X，Hao Y，Liu Y，et al. Decoupling transient effects of factors affected by air recirculation devices on contaminant distribution in ventilated spaces ［J］. Building and Environment，2021，206：108339.

第 **4** 章
差异化环境评价指标

4.1 概述

　　面向室内不同人员的个性化参数需求以及不同工艺对象的差异化参数需求，需要营造多个位置或区域空气参数存在差异的室内环境。有效评价通风气流组织营造此种环境的性能，对于室内差异化的非均匀环境设计至关重要。传统室内环境评价指标主要描述室内某个位置、区域或房间的保障性能，未揭示在室内多个位置或区域之间营造参数差异的水平。本章将通过对非均匀环境下室内参数形成过程的拆分，建立评价差异化环境营造潜力的指标，并对现有典型气流组织的差异化环境营造性能进行评价。

4.2 送风差异度指标

　　当通风房间流场相对固定时，室内任意位置的空气标量参数可采用第 2 章式（2-14）进行表达，该公式揭示了各送风口送风、各室内源和初始参数分布条件对任意位置参数形成的定量影响。对于室内环境的构成而言，室内源和初始条件往往是被动影响因素，一般不能进行主动调节。因此，一旦污染物、水蒸气或者热量从相应的室内源产生，或者在短时间内在室内形成一个初始参数分布，它们对室内环境的影响即客观确定；而来自每个送风末端的送风参数可通过通风空调系统进行主动调节，从而及时应对各种室内参数变化情况，实现环境保障，因此是室内环境营造的核心环节。基于此，将室内源和初始条件的贡献项视作被动影响项，而将其移至式（2-14）的左侧，可得：

$$\phi_p^*(\tau) - \phi_o = \sum_{n_S=1}^{N_S} \left[(\phi_S^{n_S} - \phi_o) a_{S,p}^{n_S}(\tau) \right]$$

$$\phi_p^*(\tau) = \phi_p(\tau) - \sum_{n_C=1}^{N_C} \left[\frac{J_\phi^{n_C}}{Q_\phi} a_{C,p}^{n_C}(\tau) \right] - \sum_{n_I=1}^{N_I} \left[(\overline{\phi}_o^{n_I} - \phi_o) a_{I,p}^{n_I}(\tau) \right] \tag{4-1}$$

对于任意两个位置或区域 i 和 j，瞬态参数可以表示为：

$$\begin{cases} \phi_i^*(\tau) - \phi_o = \sum_{n_S=1}^{N_S} \left[(\phi_S^{n_S} - \phi_o) a_{S,i}^{n_S}(\tau) \right] \\ \phi_j^*(\tau) - \phi_o = \sum_{n_S=1}^{N_S} \left[(\phi_S^{n_S} - \phi_o) a_{S,j}^{n_S}(\tau) \right] \end{cases} \tag{4-2}$$

将式（4-2）的两个表达式相减，得到：

$$\Delta\phi_{i,j}^{*}(\tau) = \sum_{n_S=1}^{N_S} \left[(\phi_S^{n_S} - \phi_o)\Delta a_{S,ij}^{n_S}(\tau) \right] \tag{4-3}$$

其中，$\Delta\phi_{i,j}^{*}(\tau) = \phi_i^{*}(\tau) - \phi_j^{*}(\tau)$、$\Delta a_{S,ij}^{n_S}(\tau) = a_{S,i}^{n_S}(\tau) - a_{S,j}^{n_S}(\tau)$，假设每个送风口的送风参数均可在相同的范围内独立调整，即 $\phi_{S,min} \leqslant \phi_S^{n_S} \leqslant \phi_{S,max}$，则：

$$\begin{cases} \phi_{S,min} - \phi_o \leqslant \phi_S^{n_S} - \phi_o \leqslant \phi_{S,max} - \phi_o \\ |\phi_S^{n_S} - \phi_o| \leqslant \Delta\tilde{\phi}_{max} \end{cases} \tag{4-4}$$

其中，$\Delta\tilde{\phi}_{max} = \max\{|\phi_{S,min} - \phi_o|, |\phi_{S,max} - \phi_o|\}$。

将式（4-3）两边取绝对值，可得：

$$|\Delta\phi_{i,j}^{*}(\tau)| = \left| \sum_{n_S=1}^{N_S} \left[(\phi_S^{n_S} - \phi_o)\Delta a_{S,ij}^{n_S}(\tau) \right] \right| \leqslant \sum_{n_S=1}^{N_S} \left[|(\phi_S^{n_S} - \phi_o)| |\Delta a_{S,ij}^{n_S}(\tau)| \right] \tag{4-5}$$

将式（4-4）代入式（4-5），可得：

$$|\Delta\phi_{i,j}^{*}(\tau)| \leqslant \Delta\tilde{\phi}_{max} \sum_{n_S=1}^{N_S} |\Delta a_{S,ij}^{n_S}(\tau)| \tag{4-6}$$

可见，通风空调系统在任意两个位置之间的参数差异营造潜力由 $\Delta\tilde{\phi}_{max}$ 和 $\sum_{n_S=1}^{N_S} |\Delta a_{S,ij}^{n_S}(\tau)|$ 共同决定，前者由所选空气处理装置的客观处理能力决定，后者由气流组织决定，不同气流组织下该项的值不同，因此，定义该项为量化气流组织差异化非均匀环境营造潜力的指标——送风差异度（Difference Potential by Supply Air，DPSA）[1]：

$$dp_{i,j}(\tau) = \sum_{n_S=1}^{N_S} |\Delta a_{S,ij}^{n_S}(\tau)| \tag{4-7}$$

DPSA 是一个无量纲瞬态指标，由于其考虑了两个区域参数相对大小的两种可能性（一个区域参数大于另一个区域，也可能小于另一个区域），其范围为 0～2。对于理想均匀混合情况或室内只有一个送风口时的稳态情况，DPSA 等于 0；对于理想无混合情况，即每个送风口仅影响本保障区域，而不影响其他保障区域，稳态 DPSA 等于 2。

4.3　气流组织差异营造性能评价

采用 DPSA 评价不同气流模式的差异营造潜力，重点分析稳态性能。通风房间模型如图 4-1 所示。房间的尺寸为 5m（长）×2.5m（高）×4m（宽）。设计 3 个工位，各有 1 张桌子和 1 台计算机，顶棚安装 4 盏灯。有一面墙为外墙。热边界条件见表 4-1。

根据不同气流模式设计了 7 种工况，包括 1 种个性化通风（Personalized Ventilation，PV）、2 种置换通风（Displacement Ventilation，DV）、2 种地板送风（Underfloor Air Distribution，UFAD）、2 种混合通风（Mixing Ventilation，MV）。对于个性化通风，在西墙上方布置 2 个背景送风口，记为 B1 和 B2；在工位计算机上方布置 3 个个性化送风末端，记为 PVT1～PVT3。其余气流组织均分别设有两个送风口，记为 S1 和 S2，每个风口尺寸为 0.25m×0.25m。表 4-2 列出了送风参数具体信息。各工况中换气次数相同，为 7.5h^{-1}。

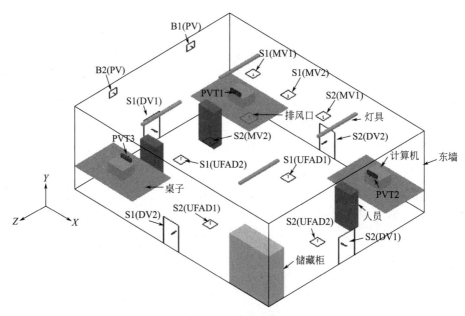

图 4-1　通风房间模型

通风房间热边界条件设置　　　　　　　　　　　　　　　　表 4-1

对象	尺寸（m）	数量	热强度（W）
计算机	0.4×0.3×0.3	3	600
人员	0.4×1.1×0.2	3	225
灯具	0.06×0.06×1	4	136
外墙	2.5×4	1	150

送风口参数设置　　　　　　　　　　　　　　　　表 4-2

编号	气流组织	送风口数量	尺寸（m）	送风速度（m/s）	送风温度（℃）
1	PV	2(B)	0.2×0.2	0.67	18
		3(PVT)	0.24×0.1	0.7	18
2	DV1	2	0.8×0.4	0.16	20
3	DV2	2	0.8×0.4	0.16	20
4	UFAD1	2	0.2×0.2	1.3	18
5	UFAD2	2	0.2×0.2	1.3	18
6	MV1	2	0.2×0.2	1.3	18
7	MV2	2	0.2×0.2	1.3	18

　　为分析气流组织潜力，将房间划分为 9 个区域，如图 4-2 所示。重点评估坐姿人员的呼吸区（0.9～1.1m）。由于 PV 主要保障个性化送风口附近的较小区域，取 PVT1、PVT2 和 PVT3 各自周围的 3 个较小的区域（表 4-3）进行评估。

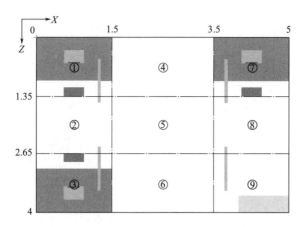

图 4-2　分区示意图

PV 作用区域设定　　　　　　　　　　　　　　　　　　　　　表 4-3

区域编号	起点			终点		
	X(m)	Y(m)	Z(m)	X(m)	Y(m)	Z(m)
1*	0.5	0.9	0.6	1.0	1.1	1.35
3*	0.5	0.9	2.65	1.0	1.1	3.4
7*	4.0	0.9	0.6	4.5	1.1	1.35

　　各气流组织的断面流场分布见图 4-3。对于 PV（算例 1），每个个性化送风射流对附近区域有较大影响 [图 4-3（a）]。对于 DV（算例 2 和算例 3），送风首先以较低速度下降到地面，之后携带室内空气向上移动 [图 4-3（b）和（c）]。对于 UFAD（算例 4 和算例 5），送风射流向上进入室内，但由于浮力效应衰减很快 [图 4-3（d）和（e）]。对于 MV（算例 6 和算例 7），射流充分发展。对于 7 种气流组织，不同的送风口位置和送风参数导致不同的气流特性。

　　目标区域（表 4-3 和图 4-2）平均稳态送风可及度 TASA 见表 4-4 和表 4-5，该值反映了各送风口对不同区域的定量影响。

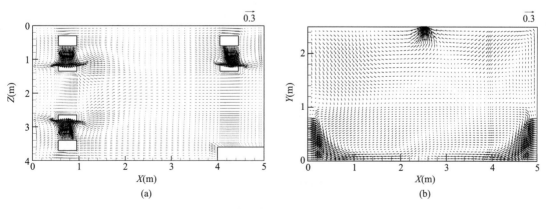

图 4-3　典型断面流场分布（一）

（a）算例 1：$Y=1.0$m；（b）算例 2：$Z=2.0$m

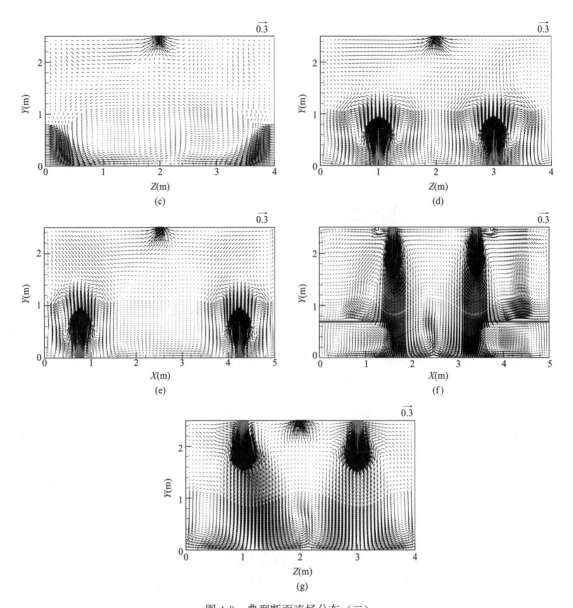

图 4-3　典型断面流场分布（二）

（c）算例 3：$X=2.5\text{m}$；（d）算例 4：$X=2.5\text{m}$；（e）算例 5：$Z=2.0\text{m}$；

（f）算例 6：$Z=1.0\text{m}$；（g）算例 7：$X=2.5\text{m}$

表 4-3 中目标区域的平均稳态送风可及度　　　　　　　表 4-4

送风口	区域 1[*]	区域 3[*]	区域 7[*]
PVT1	0.60	0.07	0.10
PVT2	0.04	0.04	0.55
PVT3	0.07	0.59	0.07
B1	0.18	0.08	0.17
B2	0.10	0.22	0.10

图 4-2 中目标区域的平均稳态送风可及度 表 4-5

工况编号	送风口	区域1	区域2	区域3	区域4	区域5	区域6	区域7	区域8	区域9
1	PVT1	0.43	0.26	0.10	0.21	0.15	0.12	0.15	0.17	0.11
	PVT2	0.06	0.06	0.06	0.10	0.08	0.08	0.34	0.15	0.09
	PVT3	0.10	0.24	0.42	0.14	0.21	0.25	0.11	0.17	0.26
	B1	0.27	0.22	0.11	0.35	0.23	0.15	0.24	0.25	0.15
	B2	0.14	0.21	0.31	0.20	0.34	0.41	0.15	0.26	0.39
2	S1	0.70	0.70	0.69	0.48	0.45	0.49	0.34	0.30	0.26
	S2	0.30	0.30	0.31	0.52	0.55	0.51	0.66	0.70	0.74
3	S1	0.54	0.45	0.36	0.55	0.49	0.41	0.60	0.50	0.43
	S2	0.46	0.55	0.64	0.45	0.51	0.59	0.40	0.50	0.57
4	S1	0.67	0.43	0.25	0.76	0.48	0.23	0.64	0.45	0.29
	S2	0.33	0.57	0.75	0.24	0.52	0.77	0.36	0.55	0.71
5	S1	0.64	0.76	0.55	0.37	0.34	0.40	0.28	0.18	0.32
	S2	0.36	0.24	0.45	0.63	0.66	0.60	0.72	0.82	0.68
6	S1	0.64	0.64	0.53	0.45	0.45	0.45	0.29	0.36	0.39
	S2	0.36	0.36	0.47	0.55	0.55	0.55	0.71	0.64	0.61
7	S1	0.56	0.48	0.38	0.61	0.47	0.37	0.59	0.49	0.36
	S2	0.44	0.52	0.62	0.39	0.53	0.63	0.41	0.51	0.64

表 4-6 列出了基于表 4-4 中的可及度的区域 1*、3*、7* 的 DPSA 值。3 个区域之间的 DPSA 值均大于 1，说明 PV 可以在这些区域之间维持较大参数差异，从而满足个性化需求，这与 PV 对附近微环境具有较强控制能力的事实是一致的，因此，也验证了 DPSA 指标的合理性。

算例 1 中区域间 DPSA 值 表 4-6

区域	区域1*	区域3*	区域7*
区域1*	—	1.27	1.02
区域3*	1.27	—	1.27
区域7*	1.02	1.27	—

表 4-7 列出了 PV（算例 1）中 9 个区域（区域 1～区域 9）的 DPSA 值。随着区域 1*、区域 3*、区域 7* 变至区域 1、区域 3、区域 7，要保障的区域变大，导致每个 PV 末端对扩展后的区域控制能力减弱（见表 4-4 和表 4-5 中的 TASA 值）。因此，区域之间的 DPSA 值变小，例如区域 1* 和区域 3* 之间的 DPSA 值为 1.27，而区域 1 和区域 3 之间的 DPSA 值下降到 0.98。

算例 1 中 9 个区域之间的 DPSA 值　　　　　　　　　　表 4-7

区域	区域 1	区域 2	区域 3	区域 4	区域 5	区域 6	区域 7	区域 8	区域 9
区域 1	—	0.43	0.98	0.44	0.65	0.87	0.61	0.56	0.88
区域 2	0.43	—	0.55	0.33	0.30	0.44	0.60	0.33	0.45
区域 3	0.98	0.55	—	0.78	0.43	0.35	0.93	0.60	0.32
区域 4	0.44	0.33	0.78	—	0.41	0.63	0.49	0.28	0.62
区域 5	0.65	0.30	0.43	0.41	—	0.22	0.56	0.23	0.23
区域 6	0.87	0.44	0.35	0.63	0.22	—	0.78	0.45	0.05
区域 7	0.61	0.60	0.93	0.49	0.56	0.78	—	0.39	0.77
区域 8	0.56	0.33	0.60	0.28	0.23	0.45	0.39	—	0.44
区域 9	0.88	0.45	0.32	0.62	0.23	0.05	0.77	0.44	—

　　为便于比较不同气流组织的差异营造潜力，指定 0.5 作为 DPSA 的参考值（实际设计中，该值应由实际需求确定）。对于 PV，有 16 个两区域组合的 DPSA 大于 0.5（表中灰色背景数值）。PV 不但可以在其个性化送风口附近区域维持参数差异，也可以在某些背景区域维持。背景区域参数差异的营造中，背景送风口起着重要的作用。以背景区域 4 和区域 6 为例，每个 PV 风口（PVT1～PVT3）对这两个区域的影响几乎相同，然而，每个背景送风口（B1 和 B2）对这些区域有不同的影响（见表 4-5 中的可及度）。因此，通过独立地调整每个背景送风口，可以在两个背景区域中营造个性化参数。

　　表 4-8 和表 4-9 列出了 DV1（算例 2）和 DV2（算例 3）中的 DPSA 值。两种气流模式出现了不同的结果。对于 DV1，S1 对区域 1、2 和 3 有显著影响，而 S2 对区域 7、8 和 9 有显著影响（见表 4-5 中的 TASA 值）。对不同区域的不同影响导致 11 个两区域组合的 DPSA 值大于 0.5。然而，对于 DV2，每个送风口对大多数区域的影响几乎相同（表 4-5），DPSA 值均不大于 0.5，表明维持参数差异比较困难。

算例 2 中 9 个区域之间的 DPSA 值　　　　　　　　　　表 4-8

区域	区域 1	区域 2	区域 3	区域 4	区域 5	区域 6	区域 7	区域 8	区域 9
区域 1	—	0.00	0.02	0.44	0.50	0.42	0.72	0.80	0.88
区域 2	0.00	—	0.02	0.44	0.50	0.42	0.72	0.80	0.88
区域 3	0.02	0.02	—	0.42	0.48	0.40	0.70	0.78	0.86
区域 4	0.44	0.44	0.42	—	0.06	0.02	0.28	0.36	0.44
区域 5	0.50	0.50	0.48	0.06	—	0.08	0.22	0.30	0.38
区域 6	0.42	0.42	0.40	0.02	0.08	—	0.30	0.38	0.46
区域 7	0.72	0.72	0.70	0.28	0.22	0.30	—	0.08	0.16
区域 8	0.80	0.80	0.78	0.36	0.30	0.38	0.08	—	0.08
区域 9	0.88	0.88	0.86	0.44	0.38	0.46	0.16	0.08	—

算例 3 中 9 个区域之间的 DPSA 值　　　　　　　　　　表 4-9

区域	区域 1	区域 2	区域 3	区域 4	区域 5	区域 6	区域 7	区域 8	区域 9
区域 1	—	0.18	0.36	0.02	0.10	0.26	0.12	0.08	0.22
区域 2	0.18	—	0.18	0.20	0.08	0.08	0.30	0.10	0.04
区域 3	0.36	0.18	—	0.38	0.26	0.10	0.48	0.28	0.14

续表

区域	区域1	区域2	区域3	区域4	区域5	区域6	区域7	区域8	区域9
区域4	0.02	0.20	0.38	—	0.12	0.28	0.10	0.10	0.24
区域5	0.10	0.08	0.26	0.12	—	0.16	0.22	0.02	0.12
区域6	0.26	0.08	0.10	0.28	0.16	—	0.38	0.18	0.04
区域7	0.12	0.30	0.48	0.10	0.22	0.38	—	0.20	0.34
区域8	0.08	0.10	0.28	0.10	0.02	0.18	0.20	—	0.14
区域9	0.22	0.04	0.14	0.24	0.12	0.04	0.34	0.14	—

表4-10和表4-11列出了UFAD1（算例4）和UFAD2（算例5）中的DPSA值。两种情况下，均有13个两区域组合的DPSA值大于0.5，表明二者差异营造潜力相当。然而，较大DPSA值的区域分布有所不同，如在UFAD1中两指定区域之间不能维持出差异化的参数，则可能在UFAD2中实现。例如，在UFAD1中，区域2和区域8之间的DPSA值仅为0.04，两区域间无法维持参数差异，但UFAD2中DPSA值为1.16，参数差异容易维持。

算例4中9个区域之间的DPSA值　　　　　　　　　　　　　表4-10

区域	区域1	区域2	区域3	区域4	区域5	区域6	区域7	区域8	区域9
区域1	—	0.48	0.84	0.18	0.38	0.88	0.06	0.44	0.76
区域2	0.48	—	0.36	0.66	0.10	0.40	0.42	0.04	0.28
区域3	0.84	0.36	—	1.02	0.46	0.04	0.78	0.40	0.08
区域4	0.18	0.66	1.02	—	0.56	1.06	0.24	0.62	0.94
区域5	0.38	0.10	0.46	0.56	—	0.50	0.32	0.06	0.38
区域6	0.88	0.40	0.04	1.06	0.50	—	0.82	0.44	0.12
区域7	0.06	0.42	0.78	0.24	0.32	0.82	—	0.38	0.70
区域8	0.44	0.04	0.40	0.62	0.06	0.44	0.38	—	0.32
区域9	0.76	0.28	0.08	0.94	0.38	0.12	0.70	0.32	—

算例5中9个区域之间的DPSA值　　　　　　　　　　　　　表4-11

区域	区域1	区域2	区域3	区域4	区域5	区域6	区域7	区域8	区域9
区域1	—	0.24	0.18	0.54	0.60	0.48	0.72	0.92	0.64
区域2	0.24	—	0.42	0.78	0.84	0.72	0.96	1.16	0.88
区域3	0.18	0.42	—	0.36	0.42	0.30	0.54	0.74	0.46
区域4	0.54	0.78	0.36	—	0.06	0.06	0.18	0.38	0.10
区域5	0.60	0.84	0.42	0.06	—	0.12	0.12	0.32	0.04
区域6	0.48	0.72	0.30	0.06	0.12	—	0.24	0.44	0.16
区域7	0.72	0.96	0.54	0.18	0.12	0.24	—	0.20	0.08
区域8	0.92	1.16	0.74	0.38	0.32	0.44	0.20	—	0.28
区域9	0.64	0.88	0.46	0.10	0.04	0.16	0.08	0.28	—

表4-12和表4-13列出了MV1（算例6）和MV2（算例7）中的DPSA值。对于

MV1，有 6 个两区域组合的 DPSA 值大于 0.5，存在一定的参数差异营造潜力；然而，对于 MV2，只有一个两区域组合的 DPSA 值等于 0.5，参数差异营造潜力差。

算例 6 中 9 个区域之间的 DPSA 值 表 4-12

区域	区域 1	区域 2	区域 3	区域 4	区域 5	区域 6	区域 7	区域 8	区域 9
区域 1	—	0	0.22	0.38	0.38	0.38	0.7	0.56	0.5
区域 2	0	—	0.22	0.38	0.38	0.38	0.7	0.56	0.5
区域 3	0.22	0.22	—	0.16	0.16	0.16	0.48	0.34	0.28
区域 4	0.38	0.38	0.16	—	0	0	0.32	0.18	0.12
区域 5	0.38	0.38	0.16	0	—	0	0.32	0.18	0.12
区域 6	0.38	0.38	0.16	0	0	—	0.32	0.18	0.12
区域 7	0.70	0.70	0.48	0.32	0.32	0.32	—	0.14	0.20
区域 8	0.56	0.56	0.34	0.18	0.18	0.18	0.14	—	0.06
区域 9	0.50	0.50	0.28	0.12	0.12	0.12	0.20	0.06	—

算例 7 中 9 个区域之间的 DPSA 值 表 4-13

区域	区域 1	区域 2	区域 3	区域 4	区域 5	区域 6	区域 7	区域 8	区域 9
区域 1	—	0.16	0.36	0.10	0.18	0.38	0.06	0.14	0.40
区域 2	0.16	—	0.20	0.26	0.02	0.22	0.22	0.02	0.24
区域 3	0.36	0.20	—	0.46	0.18	0.02	0.42	0.22	0.04
区域 4	0.10	0.26	0.46	—	0.28	0.48	0.04	0.24	0.50
区域 5	0.18	0.02	0.18	0.28	—	0.20	0.24	0.04	0.22
区域 6	0.38	0.22	0.02	0.48	0.20	—	0.44	0.24	0.02
区域 7	0.06	0.22	0.42	0.04	0.24	0.44	—	0.20	0.46
区域 8	0.14	0.02	0.22	0.24	0.04	0.24	0.20	—	0.26
区域 9	0.40	0.24	0.04	0.50	0.22	0.02	0.46	0.26	—

通过上述分析可知：①没有一种气流组织能够在任意两区域之间均能营造出较大的参数差异，即使是个性化通风也仅可能在 16 个两区域之间营造出较大的参数差异。这表明，在进行差异化非均匀环境营造时，单一气流组织的营造能力是有限的，其高效保障的范围并不能覆盖整个空间。②当要保障的参数不再是整个空间的平均参数，而是某些局部区域的个体参数时，与具体的气流组织类型相比，送风口的布局更加重要。例如，同样作为置换通风形式，由于送风口位置不同，DV1 的差异营造潜力较大，而 DV2 的差异营造潜力很小。③不同气流组织形式下，具有较大参数差异营造潜力的区域分布是不同的，因此，如果将两种均具有较大差异营造潜力但潜力区域分布不同的气流组织有机组合成一套通风系统，则可营造参数差异的覆盖范围将会扩大，营造非均匀环境的能力也将增强。

对于每种气流组织下的 DPSA 取平均值，可综合比较各气流模式的总体潜力，如图 4-4 所示。不同气流组织营造参数差异的潜力差别较大，对于所研究的 9 个区域，PV 营造潜力最高；UFAD1、UFAD2 和 DV1 次之，也具有较高的营造潜力；DV2 和 MV2 基本不具备参数差异营造潜力。

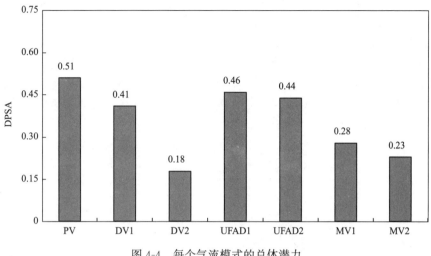

图 4-4　每个气流模式的总体潜力

本节仅分析了房间 0.9～1.1m 高度上的 9 个区域。在实际通风气流组织的设计中，在需求端有时仅有某几个局部区域需要进行个体参数保障，保障区域并未覆盖整个空间，且要保障的区域也可能处于房间的不同高度处；而在送风端，本节仅讨论了房间有两个送风口（除 PV）的情况，实际房间送风口数量可能更多。因此，实际应用 DPSA 进行评价时，应针对实际的保障区域分布和送风情况进行分析，以挑选出能够在多个位置营造出个体参数的气流组织。

4.4　高大空间气流组织区域控制性能评价

采用 DPSA 对某实际工程项目的中心大厅送风区域控制能力进行评估。大厅尺寸为 134m（长）×7m（高）×21m（宽），大厅内共有 22 个相对独立的局部区域，该区域由两排工作台和一排布置在附近墙上的监控大屏组成（图 4-5）。大厅通风系统为变风量（Variable Air Volume，VAV）加独立新风系统，变风量系统的送风口位于工位前后墙的上方，新风系统的送风口位于顶棚，回风口位于地面。建立大厅模型见图 4-6。VAV 系统

图 4-5　大厅示意图

在每个送风口之前均连接一个风机串联型变风量末端装置（VAV Box），来自空调箱的一次风在末端装置处与吊顶回风混合，之后由末端风机以恒定风量经送风口送至室内。经过 VAV Box 之后，应对室内负荷变化的一次风侧风量的改变，将转变成为固定送风量下的送风温度的改变。而由于最终送风量的恒定，气流组织保持不变，可避免一次风风量调节过程中可能引起的冷风下坠问题。夏季设计工况下，室内热源参数见表 4-14。大厅内监测大屏的发热量通过单独的 VRV 系统带走，因此，大屏发热量不计入室内得热。除西墙的一部分为外墙外，其余墙壁均为内墙。各风口参数见表 4-15。

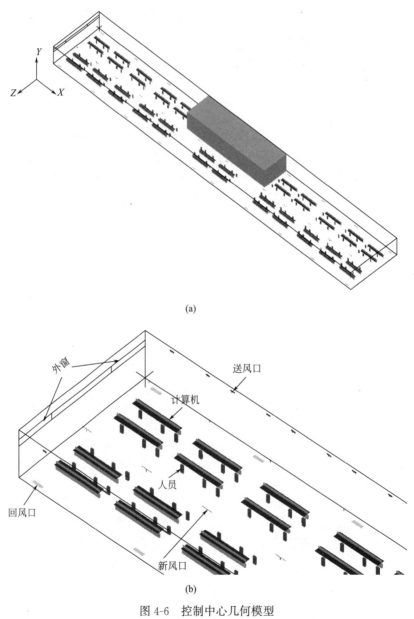

(a)

(b)

图 4-6　控制中心几何模型

（a）完整模型；（b）局部模型

室内热边界条件　　　　　　　　　　　　　　　　表 4-14

热源	总热强度(kW)
计算机	147.62
人员	8.71
灯具	26.7
西墙	0.17
西窗	0.23

风口参数设置　　　　　　　　　　　　　　　　表 4-15

类型	数量	尺寸(m)	速度(m/s)	温度(℃)
VAV 送风口	46	0.63×0.22	3.0	16
新风口	22	1.5×0.05	2.37	25
回风口	18	1.5×0.4	2.133	—

在进行系统设计时，设计者希望该系统不仅可以通过风量调节保障大厅整体的温度需求，还可以通过每条线所处局部区域上方对应的两个送风口的送风参数调节，实现各区域温度的个性化保障，即能够根据工作人员的个体需求在不同区域营造出不同的温度值。对于系统能否满足整体温度保障的问题，通过 CFD 方法可以很好的进行预测，但对于系统能否实现区域温度个性化保障，以及能实现到何种程度的问题，仅通过个别算例的 CFD 模拟将难以进行评价。由于 VAV 系统将 VAV Box 之后的送风量保持恒定，房间新风量也保持不变，因此，大厅气流组织恒定，可认为流场固定，利用 DPSA 可对区域个性化保障潜力进行评价。为便于评价，将每条线所处区域依次编号为区域 L1～区域 L11 与区域 R1～区域 R11，共计 22 个区域，见图 4-7。区域高度选择 0.6～1.1m，即人员坐姿时上身所处的区域。

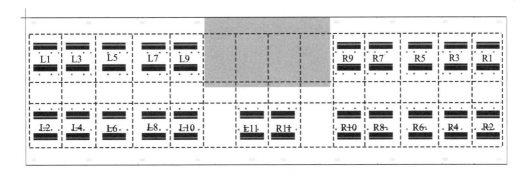

图 4-7　大厅分区编号

图 4-8 展示了典型断面（$X = 22m$）的流场分布。可以发现，由于浮升力作用，送风射流在水平射出后向下偏斜，但到达工作区时，风速已经下降至很小。

图 4-9 给出了部分区域送风口对各区域的稳态平均送风可及度。可以看到，各区域对应的送风口对本区域的影响大于对其他区域的影响；无论是本区域还是其他区域，送风影

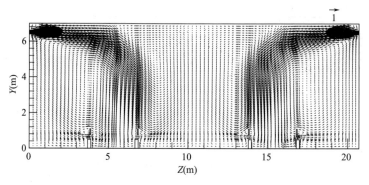

图 4-8　流场分布图（$X=22$m）

响均不大，大部分可及度均小于 0.25。这是因为送风口安装位置距离工作区太远，而射流方向又为水平，在其到达工作区之前已经与周围空气混合较均匀，削弱了送风射流对特定区域的影响能力。区域 L11 的可及度为 0.38，大于其他区域，这是由于该区域比其他区域多 1 个调节风口。此外，特定区域的送风口对同侧相邻区域的影响大于对对面相邻区域的影响。

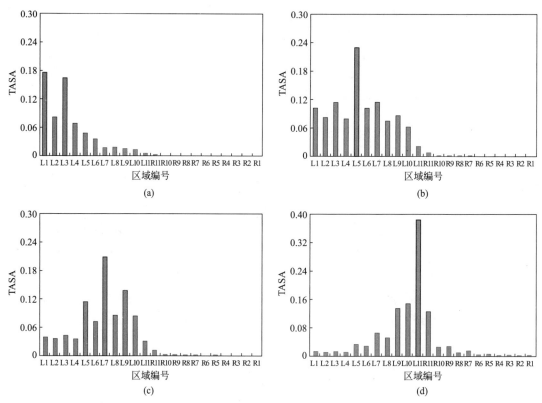

图 4-9　各送风口对各区域的送风可及度

（a）区域 L1 送风口；（b）区域 L5 送风口；（c）区域 L7 送风口；（d）区域 L11 送风口

图 4-10 给出了部分区域两两之间的 DPSA 值。由于实际每条线仅能通过自己区域上方的两个送风口控制本区域温度，因此，此处 DPSA 值的计算方法为：仅将待考察的两区

域的调控风口分别对此两区域的可及度求差值绝对值之和。

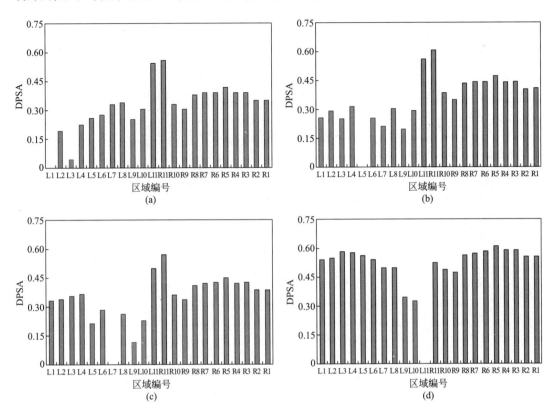

图 4-10 不同区域之间的 DPSA 值
（a）区域 L1 和其他区域；（b）区域 L5 和其他区域；（c）区域 L7 和其他区域；（d）区域 L11 和其他区域

可以看到，每个区域与其相邻区域之间的 DPSA 值均相对较小，意味着要在这些区域之间营造出差别较大的温度值比较困难。这是因为两个区域距离太近，区域调控风口对这些区域的影响差别较小（图 4-9）；随着两区域的距离增加，DPSA 值变大，即当两个区域距离较远时，可在此两个区域之间营造出差别较大的温度值，从而实现两区域之间的个性化温度保障。对于大部分区域而言，DPSA 值在 0.30～0.45 之间，表明 VAV 系统具备在这些区域之间营造个性化温度的潜力，但潜力是有限的。此外，区域 L11 和远处区域之间的 DPSA 值在 0.45～0.6 之间，个性化保障潜力大于其他区域。总体而言，虽然各区域送风口对其控制区域的影响不显著，但 VAV 系统仍能在一定程度上在两个相隔一定距离的区域之间营造出有差别的温度，实现区域个性化保障。

4.5 本章小结

本章提出了评价位置或区域间参数营造差异程度的送风差异度指标 DPSA，并对不同气流组织营造参数差异的潜力进行评价，主要结论如下：

（1）送风差异度量化气流组织在任意两个位置或区域之间可营造参数差异的程度，是无量纲参数，取值范围为 0～2。

（2）采用送风差异度对气流组织评价表明，个性化通风不仅可在工作区内实现个性化保障，也具备在部分背景区内实现个性化保障的潜力；送风口布局十分重要，不合理的送风口布置导致无法营造区域间参数差异。

（3）通过对高大空间变风量系统的个性化调节潜力分析表明，相邻两区域之间难以实现差异化温度保障，但相隔一定距离的两区域之间可在一定程度上实现差异化温度保障。但在上部送风形式下，各区域送风可及度均较小，区域间可实现的温度差异程度有限。

第 4 章参考文献

[1] Shao X，Li X. Evaluating the potential of airflow patterns to maintain a non-uniform indoor environment [J]. Renewable Energy，2015，73（1）：99-108.

第 **5** 章
非均匀环境室内源辨识方法

5.1 概述

通风空间空气参数分布是非均匀的，各室内源（热、湿、污染源）所处位置和各自散发强度会对不同位置的环境参数产生不同程度的影响。在面向空间某占据位置或局部区域进行环境保障时，需要明确各室内源对该位置或区域的影响程度，因此，准确辨识源的数量、位置、强度十分关键。当送风、室内源与监测位置参数可建立关联式时，即可根据采集的监测位置数据反向辨识出源信息。本章针对室内多个恒定源释放的情况提出辨识方法，并在通风实验环境中开展源辨识实验，在此基础上提出污染源不同时释放情况下的源辨识方法。

5.2 同时释放的室内多恒定源辨识方法

5.2.1 源辨识模型

如图 5-1 所示，通风房间存在多个可能释放污染物的位置，这些位置称为潜在源位置，在某一特定的污染物释放事件中，可能仅有一个潜在位置真实有污染物释放，也可能有多个潜在位置有污染物释放。通风房间中布置若干数量的传感器实时采集数据，在通风气流组织所建立的相对稳定的流场下，当有污染物释放时，传感器将会采集到浓度变化数据，以实时采集的传感器数据为输入条件，只要能够建立污染源通过流场输运污染物的数学关系，即有可能实现污染的源头辨识。

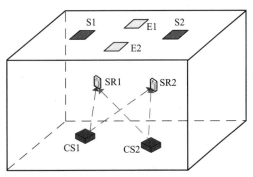

图 5-1 污染源释放和传感器采集示意图

固定流场下，假设房间无初始污染，送风中无污染，根据式（2-2），可得

$$C_p(\tau) = \sum_{n_C=1}^{N_C} \left[\frac{J^{n_C}}{Q} a_{C,p}^{n_C}(\tau) \right] \tag{5-1}$$

假设室内潜在源数量为 N，传感器数量为 M，第 m 个传感器在时刻 τ 采集的浓度为 $C_m(\tau)$，该实测浓度不可避免会含有随机误差，与此同时，该传感器位置在该时刻的浓度可利用式（5-1）进行预测，由此得到：

$$C_m(\tau) = \sum_{i=1}^{N} \left[\frac{J^i}{Q} a_{C,m}^i(\tau) \right] + e_m(\tau) \tag{5-2}$$

式中，$e_m(\tau)$——传感器在时刻 τ 的读数与预测浓度的偏差，由传感器读数误差、污染源可及度测量误差与风量测量误差共同导致。

假设在一段时间内各传感器共采集 L 个数据，则对第 j 个数据有：

$$C_j = \sum_{i=1}^{N} \left[J^i \frac{a_{C,j}^i}{Q} \right] + e_j \tag{5-3}$$

式中，C_j——第 j 个传感器读数；

$a_{C,j}^i$——第 i 个污染源对第 j 个读数的污染源可及度；

e_j——第 j 个传感器读数与预测浓度的偏差。

令：$a_{j,i} = a_{C,j}^i/Q$，$b_j = C_j$，$x_i = J^i$，则根据式（5-3）可构成方程组：

$$\begin{cases} a_{1,1}x_1 + a_{1,2}x_2 + \ldots + a_{1,N}x_N + e_1 = b_1 \\ a_{2,1}x_1 + a_{2,2}x_2 + \ldots + a_{2,N}x_N + e_2 = b_2 \\ \cdots\cdots\cdots\cdots\cdots\cdots\cdots\cdots\cdots\cdots\cdots \\ a_{L,1}x_1 + a_{L,2}x_2 + \ldots + a_{L,N}x_N + e_L = b_L \end{cases} \tag{5-4}$$

将上述方程组作为约束条件，以偏差最小为目标，建立源辨识最优化模型：

$$\begin{aligned} \min f(\boldsymbol{x}) &= \sum_{j=1}^{L} |x_{N+j}| \\ \text{s. t. } & \boldsymbol{Ax} = \boldsymbol{b} \\ & x_i \geqslant 0, \quad i=1,\cdots,N \end{aligned} \tag{5-5}$$

式中，$\boldsymbol{x} = (x_1,\cdots,x_N,x_{N+1},\cdots x_{N+L})^T$；$\boldsymbol{b} = (b_1,b_2,\cdots,b_L)^T$；$\boldsymbol{A} = (a_{j,i})_{L,N+L}$；

$x_{N+j} = e_j$，$j=1,\cdots,L$；$(a_{j,N+i})_{L,L} = \begin{pmatrix} 1 & 0 & \cdots & 0 \\ 0 & 1 & \cdots & 0 \\ \cdots & \cdots & \cdots & \cdots \\ 0 & 0 & \cdots & 1 \end{pmatrix}$。

5.2.2 源辨识实验

利用建立的源辨识方法，在实验小室（图 5-2）开展源辨识实验[1]。小室尺寸为 4m（长）×3m（宽）×2.5m（高）。正面墙和顶棚的材料为玻璃（厚度 6mm），其他墙和地板的材料为聚氨酯（厚度 30mm）。左侧墙上有一个送风口（0.2m×0.2m），右墙下侧有一个回风口（0.3m×0.18m）。小室外部空气由风机吸入，通过送风口送入室内，排风被排至室外。通过热球风速仪测量送风速度（量程 0～20m/s；精度 ±0.03m/s＋读数的

5%）。测得送风速度为 1.89m/s，对应换气次数为 9.07h^{-1}。实验在等温条件下进行。测得的小室内和送风的空气温度和相对湿度分别为 15.7℃和 39.4%。

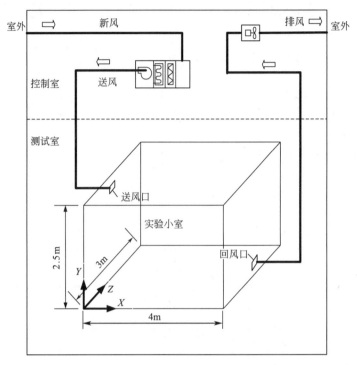

图 5-2　通风系统示意图

　　选择 CO_2 作为待辨识污染物，在实验中，CO_2 通过布满小孔的乒乓球释放，释放速率由质量流量控制仪控制，精度为读数的±3%。选取 5 个潜在源位置（标记为 CS1～CS5），布置 9 个相同型号的 CO_2 传感器（标记为 SR1～SR9），如图 5-3 所示。CO_2 传感器类型为 GE Telaire T6615 传感器模块（量程为 0～5000ppm；精度为 40ppm±读数的3%）。潜在源和传感器位置见表 5-1。共设计 6 个释放场景，即 5 个单源场景和 1 个双源场景，见表 5-2。传感器以 9s 的采样间隔共记录 30min，用于辨识研究。

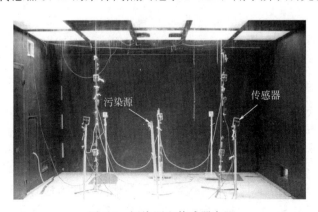

图 5-3　污染源和传感器布置

潜在源和传感器的坐标 表 5-1

编号	X(m)	Y(m)	Z(m)
CS1	0.50	1.20	1.50
CS2	2.00	1.20	0.50
CS3	2.00	1.20	2.50
CS4	3.50	1.20	1.50
CS5	1.50	0.90	1.50
SR1	1.00	1.80	1.50
SR2	2.00	1.20	1.50
SR3	3.00	1.80	1.50
SR4	3.00	0.60	1.50
SR5	3.00	1.20	0.50
SR6	1.00	1.20	0.50
SR7	1.00	0.60	1.50
SR8	1.00	1.20	2.50
SR9	3.00	1.20	2.50

污染源释放场景 表 5-2

场景编号	释放强度(m^3/h)				
	CS1	CS2	CS3	CS4	CS5
1	0.30	0	0	0	0
2	0	0.30	0	0	0
3	0	0	0.30	0	0
4	0	0	0	0.30	0
5	0	0	0	0	0.30
6	0	0.30	0.30	0	0

实验步骤如下：

（1）开启通风空调系统一段时间，使室内流场达到稳定，测量当前通风量和背景（本底）CO_2 浓度。

（2）测量各潜在源可及度。将释放口布置在潜在源位置 CS1，从某时刻开始以 $0.24m^3/h$ 的释放强度恒定释放 CO_2，之后 9 个传感器逐时采集数据，采样时间间隔为 9s。30min 后停止释放，继续通风使 CO_2 浓度下降至背景值，完成对潜在源 CS1 的可及度测量实验。按照同样的方法将释放口依次移动至潜在源位置 CS2、CS3、CS4 和 CS5，进行 CO_2 释放及传感器采样，完成对潜在源 CS2～CS5 的可及度测量实验。根据式（2-4）求解各潜在源对所有传感器位置的污染源可及度。

（3）污染源实际释放场景下的测量。将乒乓球布置在潜在源位置 CS1，从某时刻开始以 $0.30m^3/h$ 的速率恒定释放 CO_2，之后 9 个传感器逐时采集数据，30min 后停止释放，继续通风使 CO_2 浓度下降至背景值，完成源释放场景 1。按照同样的方法将乒乓球依次移动至潜在源位置 CS2、CS3、CS4 和 CS5 进行 CO_2 释放实验及传感器采样，完成源释放场景 2～5。之后，将两个乒乓球分别布置在潜在源位置 CS2 和 CS3，每个乒乓球分别用一个流量控制仪将

CO_2 释放强度均控制在 $0.30m^3/h$，之后 9 个传感器逐时采集数据，完成源释放场景 6。将每个实验的采样数据输入源辨识模型中，优化计算污染源的数量、位置和强度。

实验测得的污染源可及度（TACS）曲线见图 5-4。每个传感器位置处来自各潜在源的可及度不同，这意味着传感器对潜在源的污染物释放具有不同的响应特性。对于传感器 SR2、SR6、SR7 和 SR8，各 TACS 曲线之间存在很大的差异〔图 5-4（b）、（f）、（g）和（h）〕，而对于传感器 SR1、SR3、SR4、SR5 和 SR9，曲线差异很小〔图 5-4（a）、（c）、（d）、（e）和（i）〕。另一方面，当 CS4、CS2、CS1 和 CS5 释放 CO_2 时，SR4、SR6 和 SR7 的读数波动较大〔图 5-4（d）、（f）和（g）〕。这是因为这些传感器靠近释放源，即使释放过程中的微小波动也会显著影响传感器的采样。此外，在采样初始阶段，TACS 值约为 0，这意味着传感器存在采样延迟，在一段较短时间后才能采集有效数据。

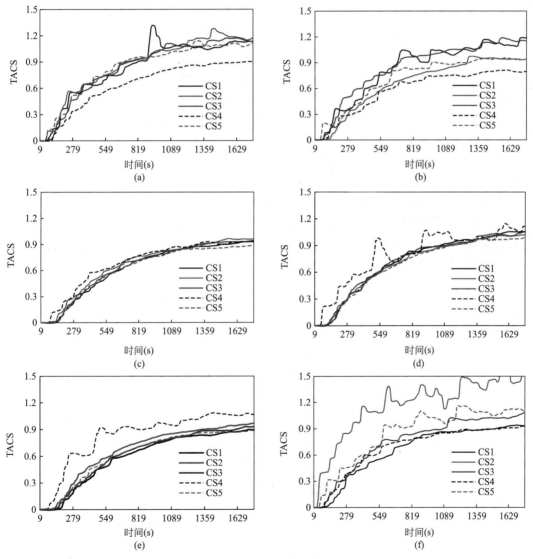

图 5-4　各污染源对 9 个传感器位置的可及度曲线（一）*

（a）SR1；（b）SR2；（c）SR3；（d）SR4；（e）SR5；（f）SR6

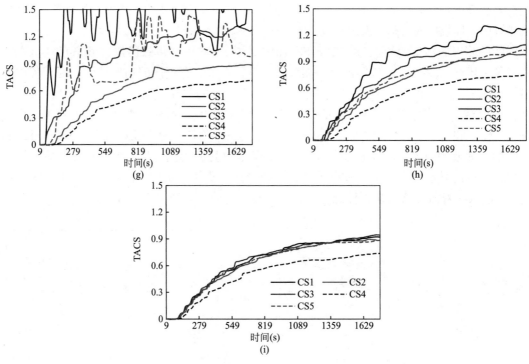

图 5-4　各污染源对 9 个传感器位置的可及度曲线（二）*

(g) SR7；(h) SR8；(i) SR9

　　将 9 个传感器在 30min 内的所有采集数据用于辨识，结果见图 5-5。当在位置 CS2、CS3 和 CS4 分别释放污染物时［图 5-5（b）～（d）］，可以准确识别真实释放位置，辨识出的源强度与真实值一致。当在单个位置 CS1 释放污染物时［图 5-5（a）］，位置 CS1 和 CS3 被同时辨识出来，存在一定的辨识偏差，但由于 CS1 的辨识强度大于 CS3，在仅有一个污染源释放的情况下，CS1 可被判定为最可能的释放位置。当在位置 CS5 释放污染物时［图 5-5（e）］，位置 CS2、CS3 和 CS5 同时被辨识出来，且 CS5 的辨识的源强并非最大，该场景的辨识偏差较大。当在位置 CS2 和 CS3 同时释放污染物时［图 5-5（f）］，两个位置都被准确辨识，而辨识强度也与真实值一致。因此，多数释放场景（4/6）通过实际传感器得到了准确辨识，不仅单源释放可辨识，作为多源释放场景的双源释放也可被辨识。

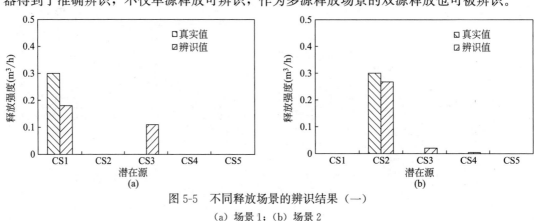

图 5-5　不同释放场景的辨识结果（一）

（a）场景 1；（b）场景 2

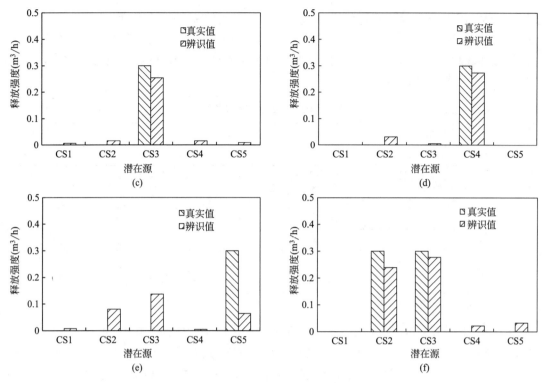

图 5-5　不同释放场景的辨识结果（二）

(c) 场景 3；(d) 场景 4；(e) 场景 5；(f) 场景 6

上述不同的辨识结果与传感器网络（由一个或多个传感器组成）对每个潜在源的辨识能力密切相关，如图 5-4 所示的 TACS 曲线所示。表 5-3 列出了单独使用传感器 SR1 采样的辨识结果，场景 4 的辨识结果最好，原因在于与其他潜在源相比，CS4 对传感器 SR1 具有显著不同的影响［见图 5-4（a）］，因此，仅为 SR1 的单个传感器网络对 CS4 具有很强的辨识能力，可有效识别 CS4 处真实释放的污染源。而其他潜在源（CS1、CS2、CS3 和 CS5）对 SR1 的影响彼此接近，传感器网络对这些源位置的辨识敏感性不佳。由于传感器网络对大多数潜在源的辨识能力偏弱，导致对所有 6 个污染释放场景的整体辨识精度不高。

仅使用传感器 **SR1** 的辨识结果　　　　　　　表 5-3

场景编号	释放强度（m³/h）				
	CS1	CS2	CS3	CS4	CS5
1	0	0	0	0.21	2.25
2	0.07	0.12	0.10	0	0.14
3	0	0.06	0	0.16	0.11
4	0	0	0.01	0.28	0.01
5	0	0.07	0.08	0.01	0.14
6	0.05	0.05	0.03	0.46	0.07

注：灰色底色表示污染物的实际释放位置。

使用传感器 SR3 和 SR7 采样的辨识结果见表 5-4。与其他潜在源相比，CS2、CS3 和

CS4 对 SR7 的影响显著不同 [图 5-4（g）]，因此，传感器 SR7 对位于 CS2、CS3 和 CS4 处的潜在源具有较强的辨识能力。尽管 CS1 和 CS5 对 SR7 有不同的影响，但 TACS 曲线出现了较大的波动，这可能削弱了传感器网络识别 CS1 和 CS5 处源的能力。因此，在位置 CS1 和 CS5 释放的源未能准确识别。

使用 SR3 和 SR7 的辨识结果 表 5-4

场景	释放强度(m³/h)				
	CS1	CS2	CS3	CS4	CS5
1	0.17	0	0.12	0	0
2	0	0.27	0.01	0.01	0
3	0.01	0.01	0.26	0.02	0
4	0	0.05	0	0.27	0
5	0.01	0.10	0.18	0.01	0
6	0	0.29	0.21	0.02	0.06

注：灰色底色表示污染物的实际释放位置。

基于以上分析，可以解释图 5-5 中导致不同辨识结果的原因。在由 SR1～SR9 组成的传感器网络中，SR1、SR5、SR7、SR8 和 SR9 对 CS4 具有较强的辨识能力，因此，可以有效地识别场景 4。传感器 SR6、SR7 和 SR8 对 CS2 和 CS3 具有较强的辨识能力，可以有效地识别场景 2、场景 3 和场景 6。只有 SR8 对 CS1 具有较强的辨识能力，对场景 1 的识别能力相对较低。没有传感器对 CS5 具有较强的辨识能力，因此，场景 5 的识别结果很差。由于 9 个传感器组成的网络对大多数潜在源具有较强的辨识能力，因此整体识别精度高于表 5-3 和表 5-4。

5.2.3 源辨识影响因素分析

上述辨识中采用了 9 个传感器持续 30min 的采样数据。事实上，源辨识结果好坏除受辨识方法本身影响之外，还受很多其他因素影响，如：传感器数量、位置、采样时间长度、采样时间间隔等。基于上述实验对不同因素对辨识结果的影响进行分析，建立反映辨识方法对某释放场景辨识精度的平均相对误差指标：

$$RE1 = \frac{\sum\limits_{i=1}^{N}\left[\dfrac{|\widetilde{J}^i - J^i|}{\max(J^1, \cdots, J^N)}\right]}{N} \qquad (5\text{-}6)$$

式中，J^i 为第 i 个潜在源的辨识强度。

对每个释放场景（共 6 个）下求得的 $RE1$ 取平均值，可获得某传感器组合形式下，辨识方法对所有释放场景的平均辨识相对误差，记作 $RE2$。由于辨识用传感器数量指定时，传感器可有不同的组合形式，因此，进一步对某指定传感器数量下，对应各传感器组合的平均辨识相对误差再求平均值，获得该传感器数量下辨识方法对不同传感器组合及所有释放场景的平均辨识相对误差，记作 $RE3$。

（1）传感器数量的影响

由于每种指定传感器数量下均对应多种可能的传感器组合形式，因此，除传感器数量为1个（9种组合）、8个（9种组合）和9个（1种组合）时考虑全部组合形式外，其余传感器数量下均随机选取16种可能组合形式进行分析，分析采用平均相对误差指标 $RE3$。图5-6展示了不同传感器数量对辨识结果的影响，辨识采用的采样时间间隔为9s，采样时间为29.4min。

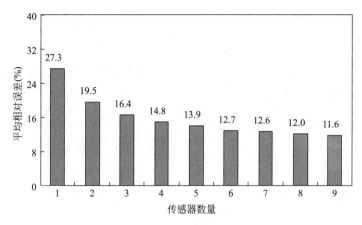

图 5-6　不同传感器数量的辨识精度

随着传感器数量增加，总体辨识精度提高。这是因为传感器数量越多，有效信息量越大，能更好地反映当前释放污染源的影响。传感器数量由1个增加至4个的过程中，辨识精度提高幅度较大，再增加传感器，对辨识精度的提高幅度较小。这表明，实际辨识时，不必在房间布置太多的传感器，而仅需布置一定数量的传感器即可，这与对控制传感器成本的考虑是一致的。

（2）传感器布置的影响

在相同传感器数量下，对每种可能的传感器组合对应的平均辨识相对误差求标准差，以考察不同组合的辨识差异性，从而展示传感器布置对辨识结果的影响，结果见图5-7。

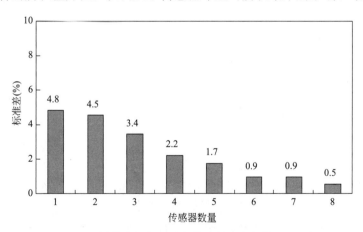

图 5-7　不同传感器数量下各传感器组合的辨识差异性

当传感器数量较少时（1～3个），标准差较大，表明此时不同传感器布置方案的辨识结果差别较大；而传感器数量较多时（4～8个），标准差较小，表明此时不同传感器布置方案的辨识结果差别较小。这是因为传感器数量较少时，采集到的有效信息量有限，此时，若将传感器合理布置在能更好响应潜在源的位置，将会增加有用信息量，从而提高辨识精度；而如果传感器布置不合理，则有用信息量减少，辨识精度将会降低，由此导致不同布置方案下辨识结果差异较大。而传感器数量较多时，采集到的有用信息量已较为充足，不同的传感器布置方案对增加有效的数据信息贡献不大。因此，实际辨识中，当传感器数量较少时，应重视传感器的布置方式，以确保在有限采样数据下，尽可能多的获得有用信息；而当传感器数量较多时，由于信息量较大，对传感器布置方案的要求相对降低。

（3）总采样时间的影响

图 5-8 展示了部分传感器组合形式下，采样时间长度对辨识结果的影响，分析采用平均相对误差指标 $RE2$，采样时间间隔为 9s。

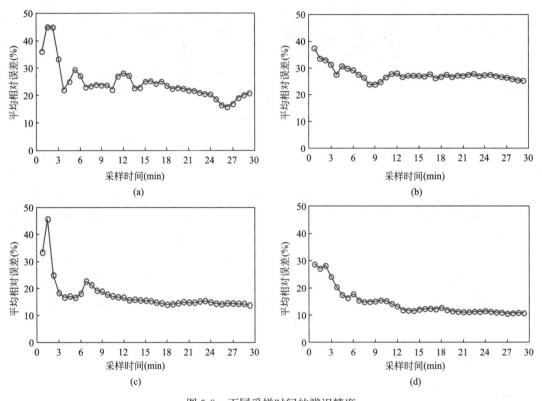

图 5-8　不同采样时间的辨识精度
(a) SR8；(b) SR1 和 SR3；(c) SR3 和 SR7；(d) SR2、SR5 和 SR8

随着采样时间的增加，总体趋势为辨识精度提高，但初始阶段辨识精度提高较快，之后变得缓慢。初始阶段辨识精度的快速提高与传感器读数滞后有关（图 5-4）。由于污染物释放后，传感器不能立即跟随读数，因此，在最初 1min 左右传感器读数在背景值附近波动，采集到的有效信息量缺失，导致初始阶段辨识误差很大；随着采样时间的增加，传感器读数开始上升，采集到的有效信息量增加，因此，辨识精度开始快速提高；而采样时间增加至一定值后（如图 5-8 中 7～8min），采集数据已包含辨识所需基本信息量，因此，该采样时间下的辨识结果达到其对应传感器布置下客观应具备的辨识精度，继续增加采样时间，虽仍会进一步增加有效数据信息，从而提高辨识精度，但提高程度较小。因此，实际辨识时可适当增加采样时间，以确保采集到充足的数据量，但由于过度增加采样时间对辨识精度提高程度较小，且实际需要尽可能实现快速辨识，因此，采样时间不宜过长。

（4）采样时间间隔的影响

图 5-9 展示了部分传感器组合和采样时间段长度下，不同采样时间间隔对辨识结果的影响，分析采用平均相对误差指标 $RE2$。

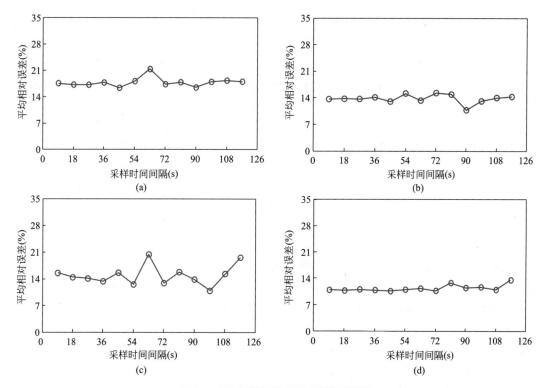

图 5-9　不同采样时间间隔的辨识精度

（a）SR3 和 SR7：采样时间 10min；（b）SR3 和 SR7：采样时间 29.4min；

（c）SR2、SR5 和 SR8：采样时间 10min；（d）SR2、SR5 和 SR8：采样时间 29.4min

随着采样时间间隔的增加，辨识精度未呈现整体上升或下降趋势，这表明，增加采样时间间隔对辨识精度提高的作用不大。但从图 5-9 中可看出，随着采样时间间隔的增加，在最初阶段辨识相对误差值比较稳定，随后出现不同程度的波动，因此，为保证辨识结果可靠性，采样时间间隔不应选取太大的值。

（5）潜在源位置数量的影响

可能释放污染物的潜在源位置的数量对于辨识精度也会产生影响。上述针对 5 个潜在源位置的辨识情况，当潜在源位置数为 2、3、4 个时，辨识结果如表 5-5～表 5-7 所示。

2 个潜在源的辨识结果　　　　　　　　　　　　　　　　　表 5-5

场景编号	释放强度（m³/h）	
	CS4	CS5
4	0.30	0.02
5	0.01	0.30

注：灰色底色表示污染物的实际释放位置。

3 个潜在源的辨识结果   表 5-6

场景编号	释放强度(m³/h)		
	CS3	CS4	CS5
3	0.25	0.02	0.04
4	0.01	0.30	0.01
5	0.11	0.01	0.18

注：灰色底色表示污染物的实际释放位置。

4 个潜在源的辨识结果   表 5-7

场景编号	释放强度(m³/h)			
	CS2	CS3	CS4	CS5
2	0.27	0.02	0	0
3	0.01	0.26	0.01	0.02
4	0.03	0.01	0.27	0
5	0.08	0.15	0	0.07

注：灰色底色表示污染物的实际释放位置。

　　当存在 2 个潜在源时，不同释放场景均被正确辨识；当存在 3 个以上的潜在源时，释放场景 5 未得到很好的辨识。这是因为，当潜在源较少时，任何两个潜在源都很容易对同一传感器的位置产生显著不同的影响，这意味着传感器网络有更强的能力区分不同潜在源的影响。然而，随着潜在源数量的进一步增加，任何两个潜在源都更有可能对同一传感器位置产生类似的影响（污染源可及度曲线彼此更接近），这降低了传感器网络对潜在源的识别能力。此外，尽管随着潜在源数量的增加，总体识别精度会在一定程度上降低，但即使有多个潜在源，大多数场景也可以很好地被辨识。

　　通过以上分析可知，增加传感器数量、合理布置传感器和增加采样时间均可提高源辨识精度，因此，在实际进行源辨识时，应根据实际情况，合理的选择传感器数量、布置形式及采样时间，以配合辨识模型实现快速、准确且成本适宜的源辨识。

5.3　非同时释放的室内多恒定源辨识方法

　　第 5.2 节为基本源辨识方法，针对多恒定源同时释放，但实际多个污染源的释放时间可能不同。虽然对于先后释放的不同污染源而言，释放时间间隔可以为任意值，但实际上存在两类典型的释放时间间隔尺度：①先后两批释放源释放时间间隔较长。例如，某时刻一病菌携带者进入办公室就座，30min 后又有一病菌携带者进入办公室就座。在此情况下，可在第二个病菌携带者进入办公室之前，采集到足够多的浓度数据用于第一个病菌携带者位置与强度的辨识，从而可实现各批次释放的分批辨识。②先后两批释放源的释放时间间隔较短。例如，某时刻一病菌携带者进入办公室就座，仅 2min 后又有另一病菌携带者进入办公室就座。在此情况下，由于释放时间间隔较短，难以在此时间间隔内采集到足够多的数据仅用于第一个病菌携带者的辨识，此时，需要对几批释放源进行联合辨识。进行非同时释放的源辨识时，每批源（同时释放污染源，可能一个或多个）的释放时间、位置及强度均是需要辨识的内容。本节首先对单一批源的释放时间识别方法进行介绍，在此基础上建立针对两种典型非同时释放场景的辨识方法。

5.3.1 释放时间反演方法

很多因素会导致源释放时刻未知，需要进行反演。例如，传感器可能存在读数阈值，使得污染物释放之后，传感器只能在浓度大于阈值后才能采集到有效数据，这将造成采集到第一个有效数据的时刻与污染物开始释放时刻之间存在一段时间间隔，导致污染物真实释放时间未知；此外，由于真实传感器存在读数误差，且可能存在读数滞后，使得污染物释放之后，即使不存在阈值问题，传感器读数也会在一段初始时间段内在背景值附近波动，这将造成能够用于清晰判断源已释放的传感器浓度明显上升时刻与污染物开始释放时刻之间存在一定的时间间隔，从而也会导致污染物真实释放时间未知。本节以阈值问题为代表情况，提出源释放时间的反演方法。

假设室内有 N 个潜在源和 M 个传感器。初始时刻有若干个污染源开始持续释放污染物，由于阈值的存在，传感器对于初始污染物释放并不能立即响应（图 5-10）。从时刻 τ_F 开始，室内若干个传感器中有一个传感器开始检测到数据，此后其余传感器陆续检测到数据，称该传感器为最先读数传感器，τ_F 即为传感器网络第一个有效采样时刻相对于源释放时刻的滞后时间。假设从 τ_F 开始，各传感器以时间间隔 $\Delta\tau_1$ 采样一段时间 τ_1，共采集到 L_1（$L_1 \geqslant N$）个数据，标记为：$\{C_1, \ldots, C_{L_1}\}$。

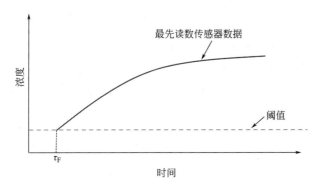

图 5-10 最先读数传感器采样示意图

实际辨识过程中，最先读数的传感器是可知的，之后陆续读数的各传感器滞后于最先读数传感器的时间也可知，因此，只要求得 τ_F，其余传感器的滞后时间均可相应获得。

假定滞后时间为 $\tau_F = j \times \Delta\tau_2$，在此假定下，各传感器采样数据的采样时刻对应确定，进而可从潜在源可及度数据库中找到对应的可及度。将各采样数据和对应的可及度代入模型（5-5）进行优化，求得该滞后时间假设下对应的潜在源强度，记为：$\{S_1^j, \ldots, S_N^j\}$。

将辨识出的潜在源强度代入式（5-1），求得对应各采集数据的预测值，记为：$\{C_1^j, \ldots, C_{L_1}^j\}$。

定义量化假定滞后时间正确性的指标 SLT（Scale of Lag Time）：

$$SLT_j = \left[\frac{\sum_{k=1}^{L_1} |C_k - C_k^j|}{L_1} \right]^{-1} \tag{5-7}$$

SLT_j 表示滞后时间为 $\tau_F = j \times \Delta\tau_2$ 时的辨识准确性，该值越大，辨识越准确。指定一个滞后时间可遍历范围 $[\Delta\tau_2, N_1\Delta\tau_2]$，使 j 在 1～N_1 范围内遍历，利用式（5-6）可求得 N_1 个 SLT_j 值，最大 SLT_j 值对应的假定滞后时间即为反演出的滞后时间，而对应该滞后时间的潜在源强度值即为辨识出的潜在源强度值。

5.3.2　释放时间间隔较长的两批源辨识

当多批污染源（每批源可能一个，也可能多个）彼此间隔较长时间依次释放时，对于每一批污染源而言，在其释放时刻到下一批源释放时刻之间的时间段内，传感器网络可采集到足够多的数据用于当前批次污染源的辨识，因此，可分批进行源辨识。此时，每一批源的辨识需要解决的问题是相同的，即任意一批新源出现之后，如何判断新源已释放以及如何辨识新源开始释放时间、释放位置与强度。图 5-11 给出了该场景下的传感器采样示意图。

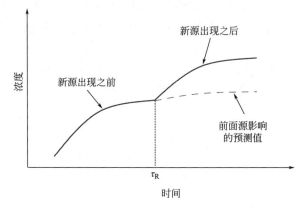

图 5-11　释放时间间隔较长时传感器采样示意图

假设室内有 N 个潜在污染源和 M 个传感器。之前已有若干批污染源辨识出来，用于上一批源辨识的采样数据中最后一个数据的采样时刻为 τ_2，则从下一个采样时刻 $\tau_2 + \Delta\tau_1$ 起，第 m 个传感器（$m = 1, \ldots, M$）以时间间隔 $\Delta\tau_1$ 逐时采样，采样数据记为：$\{C_{m,1}, \ldots, C_{m,K}\}$。在 $\tau = \tau_2 + K\Delta\tau_1$ 和 $\tau = \tau_2 + (K+1)\Delta\tau_1$ 之间的某时刻 τ_R，新一批源开始释放污染物，此后第 m 个传感器逐时采集加入新源影响后的浓度数据，记为：$\{C_{m,K+1}, C_{m,K+2}, \ldots\}$。

进行新加入的一批污染源辨识的前提是要判断出该批源已经开始释放，显然仅利用传感器采样数据难以实现准确判断。但由于在该批源释放之前的前面几批污染源已辨识出来，这些污染源对各传感器瞬态浓度的影响可预测出来，通过这些预测值与真实采样值的比较，将有可能分辨出当前批次释放源对采样数据的影响。

根据已辨识出的之前批次污染源的强度，利用式（5-1）预测各时刻由已辨识污染源对传感器采样数据的贡献值，记为：$\{C^*_{m,1}, \ldots, C^*_{m,K}, \ldots\}$。将每个采样值与上述预测值作差，记为：$\Delta C_{m,k} = C_{m,k} - C^*_{m,k}$，$k = 1, \ldots, K, \ldots$；这些差值数据将作为新源出现判断与新源辨识的基础数据。

将上一批源辨识时使用的每个采样数据与式（5-1）的对应预测浓度值求差的绝对值，

从中找到最大值，记为 $D_{\max}$，该值反映了预测值与测量值之间的偏差水平，将作为新源出现的判断标准。

令 $i=1$，选取 N_2 个数据，记为 $\{\Delta C_{m,(i-1)\times N_2+1},\ldots,\Delta C_{m,i\times N_2}\}$，如果式（5-8）成立，则表明新源已经出现。

$$\Delta C_{m,k} > D_{\max};m=1,\ldots,M;k=(i-1)\times N_2+1,\ldots,i\times N_2 \tag{5-8}$$

如果以上条件不能满足，则 i 依次取 2、3、4、…，并采用式（5-8）进行判断，直至满足条件为止，表明此时新源出现。

从满足新源出现判据的一组数据的下一个数据开始，依次选取一组偏差数据 $\Delta C_{m,k}$，这些数据均表示新一批污染源对传感器浓度的影响，假设 M 个传感器共采集到 L_2 个数据（$L_2 \geqslant N$），记为：$\{\Delta C_1,\ldots,\Delta C_{L_2}\}$。

受测量误差的影响，在新源出现后立刻判断出来比较困难，因此，需要用新源释放后一段时间内的偏差数据来判断新源的出现，这将使得最终用于新源辨识的一组数据中的第一个数据的采样时刻滞后于新源释放时刻，假设该滞后时间为 τ_L。

假定滞后时间为 $\tau_L = j \times \Delta\tau_2$，将偏差数据 $\{\Delta C_1,\ldots,\Delta C_{L_2}\}$ 及对应该滞后时间的污染源可及度代入模型（5-5），求得此时的各潜在源强度，记为：$\{S_1^j,\ldots,S_N^j\}$。将辨识出的潜在源强度及对应污染源可及度代入式（5-1），求得各偏差数据的预测值，记为：$\{\Delta C_1^j,\ldots,\Delta C_{L_2}^j\}$。

求解此时的 SLT 指标：

$$SLT_j = \left[\frac{\sum\limits_{k=1}^{L_2}|\Delta C_k - \Delta C_k^j|}{L_2}\right]^{-1} \tag{5-9}$$

指定一个滞后时间可遍历范围 $[\Delta\tau_2, N_1\Delta\tau_2]$，使 j 在 $1\sim N_1$ 范围内遍历，利用式（5-9）可求得 N_1 个 SLT_j 值，最大 SLT_j 值对应的假定滞后时间即为用于辨识的第一个偏差数据对应时刻相对于新源释放时刻的滞后时间，而对应该滞后时间的潜在源强度值即为辨识出的潜在源强度值。两批释放时间间隔较长的污染源辨识方法流程见图 5-12。

此外，需要注意每一批新源辨识时未知潜在源的数量选取。由于进行新源辨识之前已有若干批源被辨识出来，因此，在针对新一批源建立辨识模型时，已辨识出的潜在源强理论上不应作为未知变量。但考虑误差的存在，在之前批次源辨识过程中实际未释放污染物的潜在源也可能辨识出较小的强度值，此时，若在新源辨识过程中不将这些潜在源作为未知变量，将会导致辨识错误。因此，在每批新源辨识

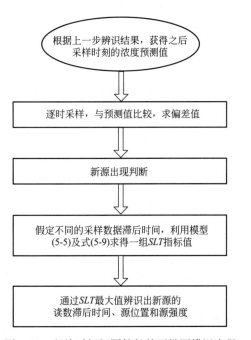

图 5-12 释放时间间隔较长的两批源辨识流程

中，均将所有潜在源作为未知变量，此时，如果某潜在源不释放污染物，或已在之前批次中开始释放污染物，则将在新源辨识结果中求解出 0 值或由误差导致的较小值。

完成新源释放时间、源位置与强度的辨识之后，新源对之后时刻的传感器采样数据影响的预测值，将与之前批次污染源对对应时刻的影响预测值合并，构成正在释放的所有源的综合影响预测值，该预测值将与各时刻采样数据求偏差值，并进行下一批新源出现的判断和辨识。

以人员释放病菌为例，采用数值模拟对辨识方法进行验证，图 5-13 展示了通风房间示意图。办公室的尺寸为：9.6m（X）×3.2m（Y）×5.0m（Z），送风口和排风口参数见表 5-8，室内热源包括人员、计算机、灯具等，具体参数见表 5-9。

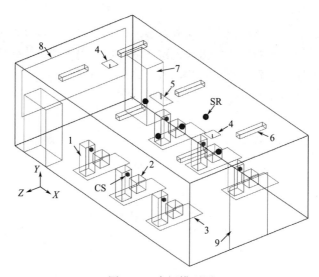

图 5-13　房间模型图

1—人员；2—计算机；3—办公桌；4—送风口；5—排风口；6—灯具；7—文件柜；8—外窗；9—门

送风和排风参数　　　　　　　　　　　　　　　　　　　　表 5-8

风口	尺寸(m)	送风温度(℃)	风口风速(m/s)
送风口 1	0.4×0.4	16.0	0.4
送风口 2	0.4×0.4	16.0	0.4
排风口	0.8×0.4	—	0.4

室内热源设置　　　　　　　　　　　　　　　　　　　　表 5-9

热源	尺寸(m)	功率(W)
人员	0.35×1.10×0.40	75
计算机	0.40×0.40×0.40	108
灯具	0.20×0.15×1.20	34
窗户	1.80×4.40	220

室内布置了 5 个传感器，记为 SR1～SR5；共有 6 个工作人员，每个人均视为该病菌的可能释放者，因此，共 6 个潜在源，记为 CS1～CS6。潜在源和传感器的具体位置见表 5-10。

潜在源和传感器的位置坐标 表5-10

对象	X(m)	Y(m)	Z(m)
CS1	3.00	0.95	0.85
CS2	5.00	0.95	0.85
CS3	7.00	0.95	0.85
CS4	3.00	0.95	4.05
CS5	5.00	0.95	4.05
CS6	7.00	0.95	4.05
SR1	3.30	2.20	2.00
SR2	5.30	2.20	2.00
SR3	7.30	2.20	2.00
SR4	5.30	2.20	1.00
SR5	5.30	2.20	3.00

表5-11给出了两批源释放时间间隔较长的场景。在初始时刻，潜在源CS1和CS4开始以50units/s的恒定速率释放病菌，到800s时，潜在源CS2和CS5开始以100units/s的恒定速率释放病菌。设定各传感器阈值为1unit/s，传感器的采样时间间隔为5s，每次辨识的采样时间段长度为100s。

源释放参数 表5-11

潜在源	源释放强度(units/s)		
	0s	800s	∞
CS1	50	50	50
CS2	0	100	100
CS3	0	0	0
CS4	50	50	50
CS5	0	100	100
CS6	0	0	0

图5-14展示了污染源可及度曲线，可以看到不同潜在源对各传感器影响的差异。

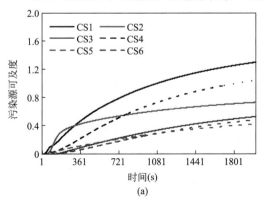 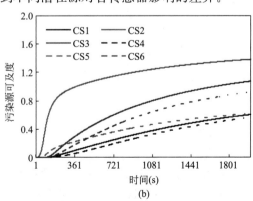

图5-14 各潜在源对传感器的可及度曲线（一）*
(a) SR1；(b) SR2

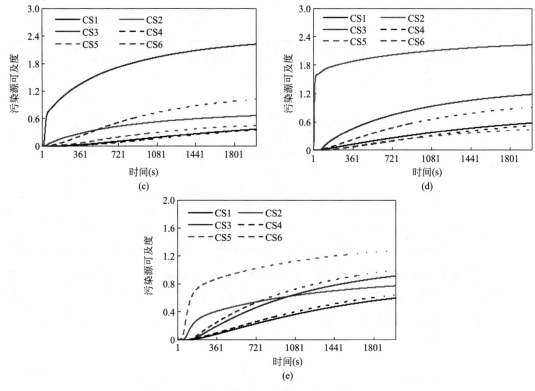

图 5-14　各潜在源对传感器的可及度曲线（二）*
(c) SR3；(d) SR4；(e) SR5

图 5-15 给出了场景 1 下直接模拟得到的各传感器位置处客观浓度（起始时刻为 1s，采样时间间隔为 5s）。可以看到，最先达到阈值的传感器为 SR1，滞后时间为 26s。

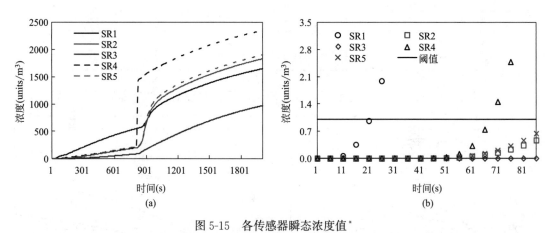

图 5-15　各传感器瞬态浓度值*
(a) 1～1996s；(b) 1～86s

在阈值存在情况下，从第一个有读数的采样值开始，对每个传感器采集 100s 的数据，共采集到 42 个有效数据（高于阈值）用于第一批源的辨识。图 5-16 为 SLT 随假定滞后时间的变化，可以看到 SLT 最大值对应的假定滞后时间为 26s，等于真实的滞后时间，表明第一批源滞后时间反演正确。

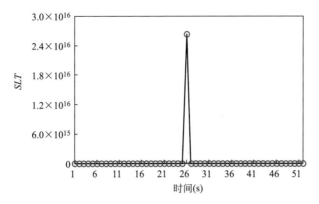

图 5-16 第一批源辨识中 SLT 随假定滞后时间的变化

图 5-17 给出了第一批源强度辨识结果，可以看到第一批源的位置与强度均可准确辨识出来。

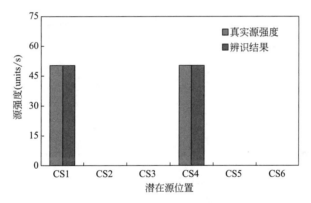

图 5-17 第一批源辨识结果

在第一批源辨识出来之后，利用辨识强度可对之后时刻传感器采样浓度进行预测，图 5-18 给出了传感器 SR1 和 SR3 的预测值与采样值的曲线。可以看到，在第二批源出现之前，两曲线基本无差别，而在第二批源出现之后，预测曲线与真实曲线出现了明显的偏离。

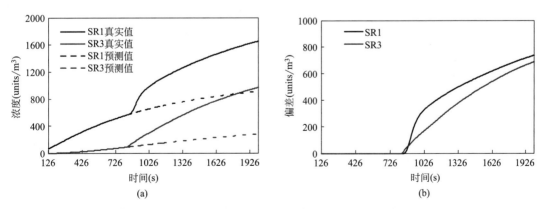

图 5-18 传感器真实值与采用第一批辨识强度的预测值比较*

（a）采样曲线；（b）采样值与预测值偏差

判断新源出现时，每 5 个采样点进行一次判断，通过对 826～846s 之间 5 个采样数据的判断，确定新源已经出现。从第 851s 开始，从图 5-18（b）的偏差数据中采集 100s 数据用于第二批源的辨识。图 5-19 和图 5-20 分别给出了新源辨识中，判定辨识用第一个采样数据相对于新源滞后时间的 SLT 曲线和源强度辨识结果。可以看到，辨识出的滞后时间为 51s，对应第二批源释放时刻为第 800s，与真实值吻合；第二批源的释放强度也实现了准确辨识。

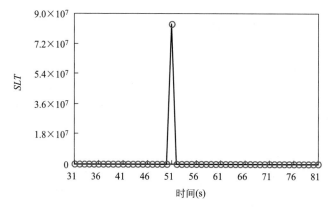

图 5-19　第二批源辨识中 SLT 随假定滞后时间的变化

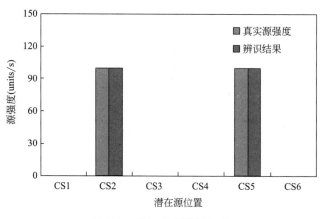

图 5-20　第二批源辨识结果

5.3.3　释放时间间隔较短的两批源辨识

当多批污染源在短时间内依次释放时，各传感器采样数据将同时受各批次污染源的共同影响，很难在一段时间内采集到仅受某一批源单独影响的数据，因此，难于实现分批辨识，而仅能进行联合辨识。图 5-21 给出了该场景下的传感器采样示意图。

假设室内有 N 个潜在的污染源和 M 个传感器。初始时刻，第一批污染源开始释放污染物，由于阈值存在，传感器并不能立即响应。到时刻 τ_F 时，最先读数传感器采集到数据，之后不同时刻，其余传感器依次开始采集到数据。到时刻 τ_R 时，第二批源开始释放，

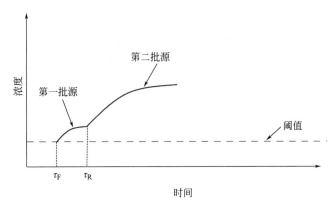

图 5-21　释放时间间隔较短时传感器采样示意图

其释放时刻可能在 τ_F 之前，也可能在 τ_F 之后。假设从 τ_F 开始，各传感器以时间间隔 $\Delta\tau_1$ 采样一段时间 τ_1，共采集到 L_1（$L_1 \geqslant 2N$）个数据，标记为：$\{C_1, \ldots, C_{L_1}\}$。

多批源进行联合辨识时，每一批次污染物开始释放的位置是需要辨识的，不可能事先知道。因此，针对每一批释放源，均假设每一个潜在源位置都有可能是释放位置，即对应 N 个未知潜在源强。此时，对于先后两批污染物释放场景，将存在 $2N$ 个未知潜在源强。如果某潜在源未释放污染物，或在第一批中已开始释放污染物，则该潜在源位置在第二批中的辨识值将为 0 或由误差导致的较小值。

分别假定 $\tau_F = j_1 \times \Delta\tau_2$、$\tau_R = j_2 \times \Delta\tau_2$，在此假定下，各传感器采样数据的采样时刻对应确定，两批潜在源对各数据采样时刻的污染源可及度可对应找出。将各采样数据及可及度代入模型（5-5）进行优化，求得该假定时间下两批潜在源强度值，记为：$\{S_{1,1}^{j_1,j_2}, \ldots, S_{1,N}^{j_1,j_2}, S_{2,1}^{j_1,j_2}, \ldots, S_{2,N}^{j_1,j_2}\}$。

将辨识出的潜在源强度代入式（5-1），求得对应各采集数据的预测值，记为：$\{C_1^{j_1,j_2}, \ldots, C_{L_1}^{j_1,j_2}\}$。

求解此时的 SLT 指标：

$$SLT_{j_1,j_2} = \left[\frac{\sum_{k=1}^{L_1} |C_k - C_k^{j_1 \cdot j_2}|}{L_1}\right]^{-1} \tag{5-10}$$

指定滞后时间的范围：$\tau_F \in [\Delta\tau_2, N_1\Delta\tau_2]$，$\tau_R \in [\Delta\tau_2, (j_1 + N_2)\Delta\tau_2]$，$N_2 = [\tau_1/\Delta\tau_2]$。使 j_1 在 $1 \sim N_1$，j_2 在 $1 \sim (j_1 + N_2)$ 范围内遍历，每组 (j_1, j_2) 取值下均对应求得一个 SLT 值。从遍历得到的所有 SLT_{j_1, j_2} 值中选择最大值，其对应的假定时间即为第一个采样数据的滞后时间和第二批源的释放时间，而对应的潜在源强度值即为辨识出的潜在源强度值。两批释放时间间隔较短的污染源辨识方法流程见图 5-22。

表 5-12 给出了两批源释放时间间隔较短的场景。在初始时刻，潜在源 CS1 和 CS4 开始以 50units/s 的恒定强度释放病菌；到 40s 时，潜在源 CS2 和 CS5 开始以 100units/s 的恒定强度释放病菌。

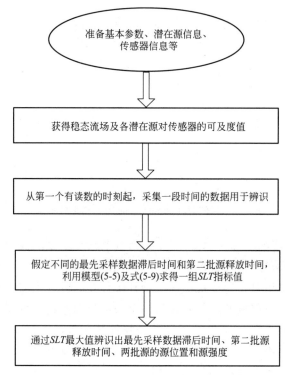

图 5-22 释放时间间隔较短的两批源辨识流程

源释放参数   表 5-12

潜在源	源释放强度（units/s）		
	0s	40s	∞
CS1	50	50	50
CS2	0	100	100
CS3	0	0	0
CS4	50	50	50
CS5	0	100	100
CS6	0	0	0

图 5-23 给出了直接模拟得到的各传感器位置处客观浓度（起始时刻为 1s，采样时间间隔为 5s）。可以看到，最先达到阈值的传感器仍为 SR1，滞后时间为 26s。

在阈值存在情况下，从第一个有读数的采样值开始，对每个传感器采集 100s 的数据用于辨识，共采集到 75 个有效数据（高于阈值）。第一个采样数据的采样时间和第二批源的释放时间（均相对于第一批源的释放时间）进行联合辨识，结果见图 5-24。可以看到，当第一个采样数据的采样时间为 26s，且第二批源的释放时间为 40s 时，SLT 指标取最大值（图 5-24 中的圆点），因此，这两个时间值即为时间反演值，这与真实时间一致。

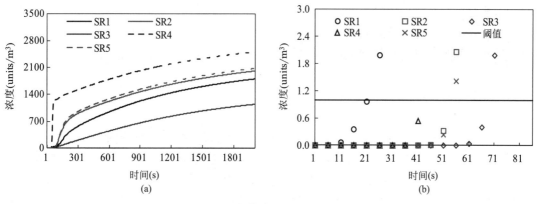

图 5-23　各传感器瞬态浓度值 *

（a）1～1996s；（b）1～86s

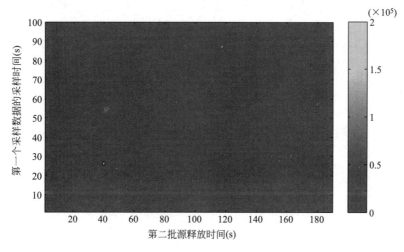

图 5-24　不同假定时刻下的 *SLT* 分布 *

在反演释放时间下，两批源辨识结果见图 5-25。可以看到，通过联合辨识，两批源的位置与释放强度均实现了准确辨识。

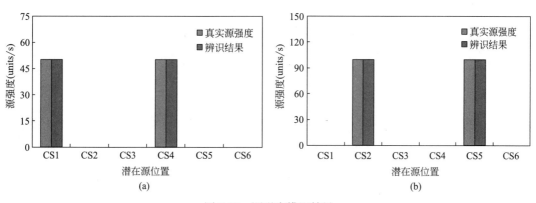

图 5-25　源强度辨识结果

（a）第一批源；（b）第二批源

本节提出的源辨识方法是在已知污染源释放时间间隔特征的前提下建立的，实际应用时，需预判出污染源释放时间间隔的尺度。对该尺度的判断，有时可通过实施者对现场的污染物典型释放场景的特征把控直接确定，有时则需通过一定的判定方法才能实现。

5.4　本章小结

本章对非均匀环境室内多个恒定源的辨识方法进行研究，主要结论如下：

（1）利用基于可及度的线性叠加关系建立了多恒定源辨识模型，得到了实验验证。实验研究表明，6个源场景中，4个场景能够准确辨识，1个场景在一定程度上辨识；辨识结果好坏取决于传感器网络对各潜在源位置的辨识敏感性。辨识精度随传感器数量、采样时间的增加，潜在源数量的减少，以及传感器的合理布局而提高，但采样时间间隔对辨识未见显著影响。

（2）针对先后两批污染源释放时间间隔较长的场景，采用分批辨识的思路提出了源辨识方法；针对先后两批污染源释放时间间隔较短的释放场景，采用联合辨识的思路，提出了源辨识方法。提出的方法通过典型办公室内人员释放病菌的算例得到了数值验证。

第 5 章参考文献

［1］ Shao X，Li X，Ma H. Identification of constant contaminant sources in a test chamber with real sensors ［J］. Indoor and Built Environment，2016，25（6）：997-1010.

第 **6** 章
差异化环境送风优化方法

6.1 概述

传统室内环境控制往往是空间整体控制，而同时维持空间内多个位置或区域的差异化参数更为复杂。针对多位置或区域的差异化参数需求，快速决策出优化的送风参数（温度、湿度或组分浓度），是一类典型的通风反问题。直接反解最优气流组织存在一定困难，但在确定的气流组织下，可首先优化出合适的送风参数，进而通过对各备选气流组织形式下优化结果的比较，确定实时需要采用的高效气流组织。本章首先建立面向多位置差异需求的送风优化模型，进而给出多步联合送风优化策略。本章内容可为基于模型的预测性控制提供基础方法。

6.2 面向多位置差异需求的送风优化模型

6.2.1 基本模型

图 6-1 给出了室内多位置需求的示意图。

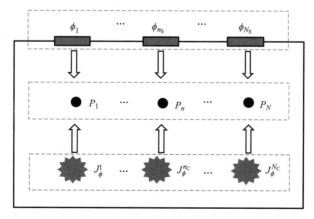

图 6-1 房间多位置需求示意图

假定通风房间有 N_S 个可独立调节送风口、N_C 个源（污染源、湿源或热源）和 N

个保障位置。在不同时间段内，室内源的释放强度和不同位置的参数需求可能不同。所关注的问题是：在某一特定的源释放场景下，如何确定合适的送风参数，才能同时满足 N 个位置的个性化参数需求？如果进行瞬态参数保障，则还应考虑初始分布的影响。

第 2 章中式（2-14）给出了房间任意位置瞬态通用空气参数（浓度、湿度和温度）的表达式，据此可得第 i 个需求位置处（$i = 1, \dots, N$）的瞬态参数值：

$$\phi_i(\tau_i) = \sum_{n_S=1}^{N_S} \left[(\phi_S^{n_S} - \phi_o) a_{S,i}^{n_S}(\tau_i) \right] + \sum_{n_C=1}^{N_C} \left[\frac{J_\phi^{n_C}}{Q_\phi} a_{C,i}^{n_C}(\tau_i) \right] + \sum_{n_I=1}^{N_I} \left[(\overline{\phi}_0^{n_I} - \phi_o) a_{I,i}^{n_I}(\tau_i) \right] + \phi_o$$

(6-1)

式中，τ_i——第 i 个位置的保障时刻，各位置的保障时刻可不同。

假定第 i 个位置的参数需求值为 $\phi_{set,i}(\tau_i)$，则针对第 i 个位置可构成约束条件：

$$\sum_{n_S=1}^{N_S} \left[(\phi_S^{n_S} - \phi_o) a_{S,i}^{n_S}(\tau_i) \right] + \sum_{n_C=1}^{N_C} \left[\frac{J_\phi^{n_C}}{Q_\phi} a_{C,i}^{n_C}(\tau_i) \right] + \sum_{n_I=1}^{N_I} \left[(\overline{\phi}_0^{n_I} - \phi_o) a_{I,i}^{n_I}(\tau_i) \right] + \phi_o = \phi_{set,i}(\tau_i)$$

(6-2)

对于通风空调系统而言，各送风参数的可调节范围是已知的，表示为：

$$\phi_{min}^{n_S} \leqslant \phi_S^{n_S} \leqslant \phi_{max}^{n_S}, n_S = 1, \dots, N_S$$

(6-3)

式中，$\phi_{min}^{n_S}$ 和 $\phi_{max}^{n_S}$——第 n_S 个送风口的送风参数下限值和上限值，不同送风口的送风参数上下限值可以不同。

如果 $N_S \geqslant N$，则可能存在一组或多组能准确满足各位置参数需求的送风参数可行解，当存在多组可行解时，可设定能耗最低、物质投入量最少或送风参数调节量最小（相对于上一步调节）等作为优化目标，优化出一组更合适的送风参数组合。由此建立送风参数优化模型一：

$$\min \quad f(\phi_S^1, \dots, \phi_S^{N_S})$$
$$\text{s. t.} \quad \sum_{n_S=1}^{N_S} \left[(\phi_S^{n_S} - \phi_o) a_{S,i}^{n_S}(\tau_i) \right] + \sum_{n_C=1}^{N_C} \left[\frac{J_\phi^{n_C}}{Q} a_{C,i}^{n_C}(\tau_i) \right] + \sum_{n_I=1}^{N_I} \left[(\overline{\phi}_0^{n_I} - \phi_o) a_{I,i}^{n_I}(\tau_i) \right]$$
$$= \phi_{set,i}(\tau_i), i = 1, \dots, N$$
$$\phi_{min}^{n_S} \leqslant \phi_S^{n_S} \leqslant \phi_{max}^{n_S}, n_S = 1, \dots, N_S$$

(6-4)

由于各位置需求参数为人为指定，需求值组合不一定符合客观的参数分布规律，因此，模型（6-4）可能存在无解情况。

如果 $N_S < N$，或 $N_S \geqslant N$ 但采用模型（6-4）无解，此时，通风系统将难以同时满足所有位置的参数需求，但可建立优化模型，优化出使得各位置营造参数值尽可能接近设定值的送风参数。

在室内参数控制中，往往会在设定值的基础上给出允许的参数波动范围，假设为 $\pm \Delta \phi_{set,i}(\tau_i)$，此时第 i 个位置对应需求的约束条件为：

$$\begin{cases} \sum_{n_S=1}^{N_S}\left[(\phi_S^{n_S}-\phi_o)a_{S,i}^{n_S}(\tau_i)\right]+\sum_{n_C=1}^{N_C}\left[\dfrac{J_\phi^{n_C}}{Q_\phi}a_{C,i}^{n_C}(\tau_i)\right]+\sum_{n_I=1}^{N_I}\left[(\overline{\phi}_0^{n_I}-\phi_o)a_{I,i}^{n_I}(\tau_i)\right]+\phi_o\geqslant\phi_{set,i}(\tau_i)-\Delta\phi_{set,i}(\tau_i) & (6\text{-}5a) \\ \sum_{n_S=1}^{N_S}\left[(\phi_S^{n_S}-\phi_o)a_{S,i}^{n_S}(\tau_i)\right]+\sum_{n_C=1}^{N_C}\left[\dfrac{J_\phi^{n_C}}{Q_\phi}a_{C,i}^{n_C}(\tau_i)\right]+\sum_{n_I=1}^{N_I}\left[(\overline{\phi}_0^{n_I}-\phi_o)a_{I,i}^{n_I}(\tau_i)\right]+\phi_o\leqslant\phi_{set,i}(\tau_i)+\Delta\phi_{set,i}(\tau_i) & (6\text{-}5b) \end{cases}$$

基于式（6-5）建立送风参数优化模型二[1]：

$$\min\quad f(\phi_S^1,\dots,\phi_S^{N_S})$$

$$\text{s. t.}\quad \sum_{n_S=1}^{N_S}\left[(\phi_S^{n_S}-\phi_o)a_{S,i}^{n_S}(\tau_i)\right]+\sum_{n_C=1}^{N_C}\left[\dfrac{J_\phi^{n_C}}{Q_\phi}a_{C,i}^{n_C}(\tau_i)\right]+\sum_{n_I=1}^{N_I}\left[(\overline{\phi}_0^{n_I}-\phi_o)a_{I,i}^{n_I}(\tau_i)\right]+\phi_o$$
$$\geqslant\phi_{set,i}(\tau_i)-\Delta\phi_{set,i}(\tau_i)$$
$$\sum_{n_S=1}^{N_S}\left[(\phi_S^{n_S}-\phi_o)a_{S,i}^{n_S}(\tau_i)\right]+\sum_{n_C=1}^{N_C}\left[\dfrac{J_\phi^{n_C}}{Q_\phi}a_{C,i}^{n_C}(\tau_i)\right]+\sum_{n_I=1}^{N_I}\left[(\overline{\phi}_0^{n_I}-\phi_o)a_{I,i}^{n_I}(\tau_i)\right]+\phi_o \qquad (6\text{-}6)$$
$$\leqslant\phi_{set,i}(\tau_i)+\Delta\phi_{set,i}(\tau_i),i=1,\dots,N$$
$$\phi_{min}^{n_S}\leqslant\phi_S^{n_S}\leqslant\phi_{max}^{n_S},n_S=1,\dots,N_S$$

由于实际需求参数设定具有任意性，很多时候即使具有允许的波动范围，也很难使所有位置参数均满足需求。此时，将以各位置最终保障值与设定值偏差最小为优化目标，由此提出优化模型三和优化模型四。以各位置最终保障值与设定值偏差的最大值为目标函数，优化目标为在可行域内使该最大值取最小值，由此建立送风参数优化模型三：

$$\min\quad f(\phi_S^1,\dots,\phi_S^{N_S})=\max\left\{\left|\sum_{n_S=1}^{N_S}\left[(\phi_S^{n_S}-\phi_o)a_{S,i}^{n_S}(\tau_i)\right]+\sum_{n_C=1}^{N_C}\left[\dfrac{J_\phi^{n_C}}{Q}a_{C,i}^{n_C}(\tau_i)\right]+\right.\right.$$
$$\left.\left.\sum_{n_I=1}^{N_I}\left[(\overline{\phi}_0^{n_I}-\phi_o)a_{I,i}^{n_I}(\tau_i)\right]+\phi_o-\phi_{set,i}(\tau_i)\right|,i=1,\dots,N\right\} \qquad (6\text{-}7)$$

$$\text{s. t.}\quad \phi_{min}^{n_S}\leqslant\phi_S^{n_S}\leqslant\phi_{max}^{n_S},n_S=1,\dots,N_S$$

以各位置最终保障值与设定值的差的绝对值之和为目标函数，优化目标为在可行域内使该总体偏差值取最小值，由此建立送风参数优化模型四：

$$\min\quad f(\phi_S^1,\dots,\phi_S^{N_S})=\sum_{i=1}^{N}\left|\sum_{n_S=1}^{N_S}\left[(\phi_S^{n_S}-\phi_o)a_{S,i}^{n_S}(\tau_i)\right]+\sum_{n_C=1}^{N_C}\left[\dfrac{J_\phi^{n_C}}{Q_\phi}a_{C,i}^{n_C}(\tau_i)\right]+\right.$$
$$\left.\sum_{n_I=1}^{N_I}\left[(\overline{\phi}_0^{n_I}-\phi_o)a_{I,i}^{n_I}(\tau_i)\right]+\phi_o-\phi_{set,i}(\tau_i)\right| \qquad (6\text{-}8)$$

$$\text{s. t.}\quad \phi_{min}^{n_S}\leqslant\phi_S^{n_S}\leqslant\phi_{max}^{n_S},n_S=1,\dots,N_S$$

式（6-4）、式（6-6）、式（6-7）和式（6-8）建立了面向非均匀环境需求的送风参数优化模型。如果实际各需求位置的重要程度不同，还可根据实际情况将相对不重要的位置参数的允许波动范围适当放宽，增大可行域，则更容易找到合适的送风参数组合。

本章提出的送风参数优化模型，充分考虑了特定流场下不同边界条件导致的参数非均匀分布规律，因此，能够较好的实现非均匀参数的营造。4种优化模型既适用于稳态环境保障，又适用于瞬态环境保障。模型中，送风可及度、源可及度和初始条件可及度可预先计算获得；室内源如果是常见源，则其位置和强度信息容易直接获得，而如果是特殊源，则可通过相应的源辨识方法辨识出散发源的数量、位置、释放时间及强度。在获得上述信息之后，优化模型即可建立起来。一旦各位置需求参数确定，通过模型求解即可快速计算出最优的送风参数，实现非均匀环境营造。

6.2.2 多位置差异化组分浓度的送风优化

对提出的送风优化方法的有效性进行验证和展示。建立通风房间几何模型如图 6-2 所示。房间尺寸为 6m（长）×4m（宽）×2.5m（高），有 4 个送风口和 2 个排风口。房间没有室内源（包括热源、湿源和污染源），所有墙壁绝热、绝质。室内送风的温度和速度分别设为 20℃和 1.5m/s。表 6-1 列出了送回风口的坐标。

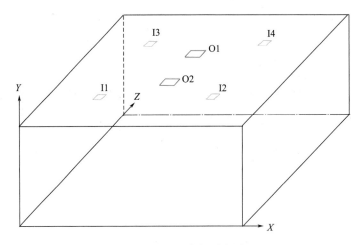

图 6-2　通风房间示意图

各风口位置　　　　　　　　　　　　　　　　　　表 6-1

风口	起点坐标			终点坐标		
	X_S(m)	Y_S(m)	Z_S(m)	X_E(m)	Y_E(m)	Z_E(m)
送风口 I1	1.40	2.50	0.90	1.60	2.50	1.10
送风口 I2	4.40	2.50	0.90	4.60	2.50	1.10
送风口 I3	1.40	2.50	2.90	1.60	2.50	3.10
送风口 I4	4.40	2.50	2.90	4.60	2.50	3.10
回风口 O1	2.80	2.50	2.40	3.20	2.50	2.60
回风口 O2	2.80	2.50	1.40	3.20	2.50	1.60

假设某种具有代表性的气体组分从每个送风口释放到空间中，并且每个送风口气体浓度可以独立调节。不同位置的人员对气体浓度提出不同的要求，需要通过调节送风浓度来同时满足所有人员的要求。根据不同的占用场景设计了 5 个工况，如图 6-3 所示。各位置关注站立人员的头部高度（1.8m）。保障场景均为稳态，每种场景的需保障浓度值见表 6-2。

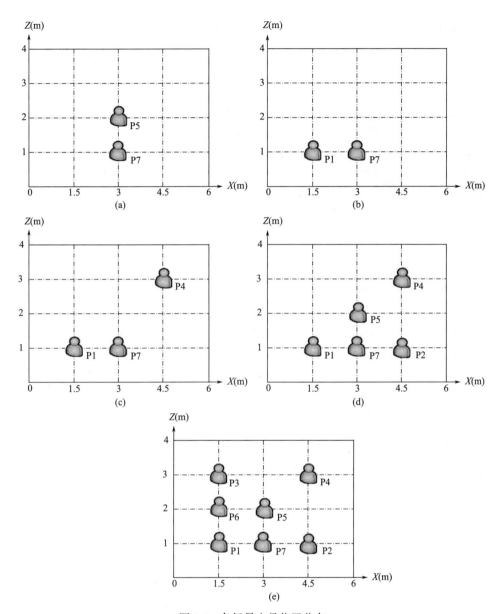

图 6-3　各场景人员位置分布

（a）算例 1：两位置（A）；（b）算例 2：两位置（B）；（c）算例 3：三位置；（d）算例 4：五位置；（e）算例 5：七位置

各工况参数需求　　　　　　　　　　　　　　　　表 6-2

算例编号	参数需求值（mg/m³，±0.25mg/m³）						
	P1	P2	P3	P4	P5	P6	P7
1	—	—	—	—	6.0	—	9.0
2	6.0	—	—	—	—	—	9.0
3	6.0	—	—	8.0	—	—	9.0
4	6.0	10.0	—	8.0	11.0	—	9.0
5	6.0	10.0	11.0	8.0	9.0	9.5	8.5

各位置需求值设定允许波动范围为 $\pm 0.25\mathrm{mg/m^3}$，送风浓度可调节范围 $0\sim 14\mathrm{mg/m^3}$，以最小化气体组分输送量为优化目标，即 $\min \sum_{n_S=1}^{4} Q_{n_S} \cdot \phi_S^{n_S}$。表 6-3 列出了不同位置的稳态可及度，通过优化求解，获得需要的送风浓度，见表 6-4。将获得的送风浓度作为送风边界条件，进行 CFD 模拟（相当于实际中通过空调控制系统将送风参数按需求调节到位），可以预测各位置调节后的最终浓度，如图 6-4 所示。

不同位置的稳态可及度　　　　　　　　　　　表 6-3

送风口	P1	P2	P3	P4	P5	P6	P7
I1	0.85	0.05	0.05	0.03	0.23	0.27	0.30
I2	0.06	0.85	0.03	0.05	0.27	0.08	0.34
I3	0.06	0.03	0.86	0.06	0.23	0.53	0.17
I4	0.03	0.07	0.06	0.86	0.27	0.12	0.19

送风浓度优化结果　　　　　　　　　　　表 6-4

算例编号	优化的送风浓度（mg/m³）				优化模型
	I1	I2	I3	I4	
1	14.00	14.00	0	0	四
2	5.96	14.00	0	11.60	二
3	5.79	14.00	3.97	8.30	二
4	5.07	10.35	14.00	7.55	四
5	4.93	10.41	11.57	7.94	二

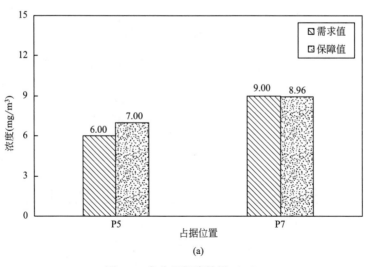

图 6-4　各位置保障结果（一）

(a) 算例 1

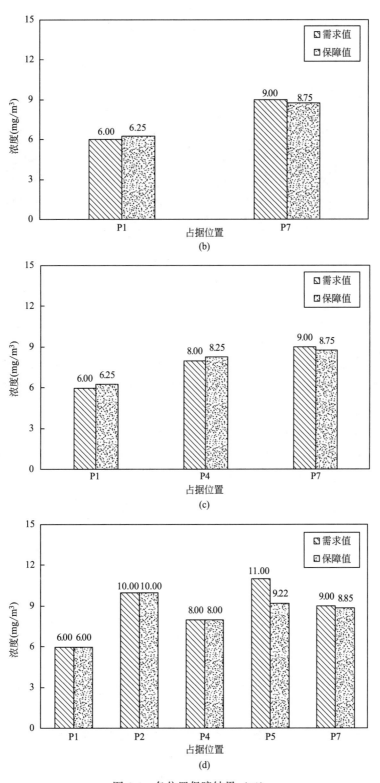

图 6-4　各位置保障结果（二）

（b）算例 2；（c）算例 3；（d）算例 4

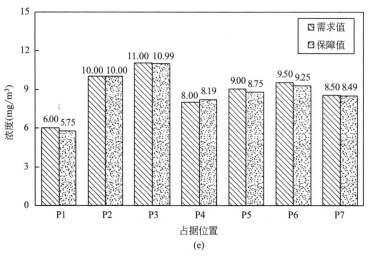

图 6-4　各位置保障结果（三）

(e) 算例 5

在算例 1 中，无法通过求解模型二确定合适的送风浓度，这是因为每个送风口对位置 P5 和位置 P7 处的浓度具有相似的影响（见表 6-3 中的可及度），难以通过调节送风浓度维持两位置间的较大浓度差，因此，转而采用模型四确定尽可能接近需求值的送风浓度。根据图 6-4（a）中的结果，位置 P7 处的人员需求得到满足，而位置 P5 处存在 $1mg/m^3$ 的差异。在算例 2 中，与算例 1 相比，房间中仍存在两名人员所需浓度差异为 $3mg/m^3$，但送风口 1 和送风口 2 都对位置 P1 和位置 P7 具有明显不同的影响，因而此占据场景下，可通过调节送风浓度来维持较大浓度差，使最终两个位置的需求均得到满足〔图 6-4（b）〕。在算例 3 中，相对于算例 2，在位置 P4 处增加一人，由于送风口 4 对位置 P4 的影响（可及度 0.86）比其他位置更大，更容易保持该位置和其他位置的浓度差，最终 3 个位置均得到了保障〔图 6-4（c）〕；在算例 4 中，相对于算例 3，在位置 P2 和位置 P5 处新增两人，由于与算例 1 相同的原因，难以在位置 P5 和位置 P7 之间保持较大的浓度差，因此，最终仅位置 P5 未能很好的保障，而其余位置均得到有效保障〔图 6-4（d）〕。在算例 5 中，位置 P3 和位置 P6 处新增两人，该情况下，位置 P5 和位置 P7 也均存在需求，但浓度差仅为 $0.5mg/m^3$，并且在通风系统维持浓度差的能力范围内，因此，尽管多达 7 人同时提出差异性的参数需求，各位置均得到了满足〔图 6-4（e）〕。通过上述分析可知，能否满足个体需求取决于所需参数的不同特征以及通风系统在不同位置之间维持参数差异的能力。如果所有位置之间所需参数的差异不超过通风系统的容量，则即使需求位置数量大于送风口数量，也可很好地满足所有需求。

6.2.3　风机盘管加新风系统对多位置差异化 CO_2 浓度的送风优化

现有风机盘管加新风系统在进行室内空气品质保障时，通过送入一定量的新风将整个房间的 CO_2 浓度控制在规范要求的限值以下。但很多时候，房间内仅局部区域有人员占据，此时，仅需重点控制人员所在区域的 CO_2 浓度即可，这种在局部占据区域与非占据区域之间营造不同空气品质的环境将有可能在保障人员区空气品质的同时，显著降低送入的新风量，从而实现节能。此外，现有风机盘管加新风系统一般仅将房间整体 CO_2 浓度控制在限值以下以满足内部人员的基本空气品质需求。但由于不同人员对空气品质的敏感性存在差异，即使人员基本空气品质需求得到保障，却仍会有一些人员因更加敏感而希望进一步提高空气品质，此时，为兼顾不同人员对空气品质的要求，且尽可能降低新风量投入，也应在不同敏感程度的人员占据区域营造出不同的空气品质。

现有风机盘管加新风系统主要针对房间整体空气品质进行保障，从各风机盘管送风口送出的新风一般不独立调节，这使得针对各局部区域进行个性化品质保障难以实现。而要实现局部环境营造，需在现有系统上增加部分调节装置，如调节阀门等（图 6-5），使送入各风机盘管的新风量可独立调节。而在各风机盘管新风量可独立调节的情况下，当不同位置或区域同时提出不同的空气品质需求（以不同的 CO_2 浓度控制需求为代表）时，需要快速确定出使总新风量投入最少且不同需求均得以保障的各台风机盘管的新风量。利用提出的送风优化方法，对不同位置空气品质需求的实现方法进行展示。

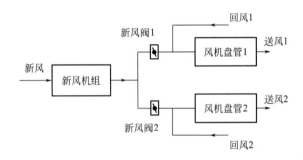

图 6-5　增加调节风阀的风机盘管加新风系统

图 6-6 展示了通风房间示意图，房间尺寸为 6.4m（X）×3m（Y）×4m（Z）。该房间由 4 台风机盘管进行温度控制，每台风机盘管分别设有一个送风口（依次记为 S1～S4）

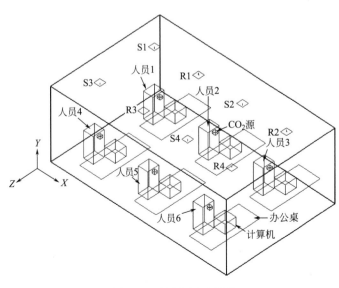

图 6-6　通风房间示意图

和一个回风口（依次记为 R1～R4），风口尺寸均为 0.22m×0.22m。送风口送风温度为 18℃，送风速度为 1m/s。新风系统将新风送至各台风机盘管处，与风机盘管的回风混合后，经由送风口送至室内。室内热源为人员和计算机，单位发热量分别为 75W/人和 200W/台，各墙壁绝热绝质。

以人员呼出的 CO_2 作为影响室内空气品质的代表物质，通过控制人员占据区域的 CO_2 浓度，实现对室内空气品质的保障。人员释放 CO_2 的过程通过设置在鼻部区域的一个 CO_2 散发源（记为 CS1～CS6）实现。每人 CO_2 释放速率为 13L/h，室外 CO_2 浓度为 400ppm。风口与 CO_2 散发源的具体位置见表 6-5。房间对空气品质的基本需求为将 CO_2 浓度控制在 1200ppm 以下，在此要求基础上，根据室内 6 个工位的人员对空气品质不同敏感性，进一步提出了更高的需求。根据不同的需求场景，构造了 6 个算例，具体参数见表 6-6。

对象位置坐标 表 6-5

对象	起点坐标			终点坐标		
	X_S(m)	Y_S(m)	Z_S(m)	X_E(m)	Y_E(m)	Z_E(m)
送风口 S1	0.69	3.00	0.89	0.91	3.00	1.11
送风口 S2	3.89	3.00	0.89	4.11	3.00	1.11
送风口 S3	0.69	3.00	2.89	0.91	3.00	3.11
送风口 S4	3.89	3.00	2.89	4.11	3.00	3.11
回风口 R1	2.29	3.00	0.89	2.51	3.00	1.11
回风口 R2	5.49	3.00	0.89	5.71	3.00	1.11
回风口 R3	2.29	3.00	2.89	2.51	3.00	3.11
回风口 R4	5.49	3.00	2.89	5.71	3.00	3.11
源 CS1	0.85	0.95	0.85	0.95	1.05	0.95
源 CS2	2.85	0.95	0.85	2.95	1.05	0.95
源 CS3	4.85	0.95	0.85	4.95	1.05	0.95
源 CS4	0.85	0.95	3.05	0.95	1.05	3.15
源 CS5	2.85	0.95	3.05	2.95	1.05	3.15
源 CS6	4.85	0.95	3.05	4.95	1.05	3.15

CO_2 浓度需求值设计 表 6-6

算例编号	CO_2 浓度上限（ppm）					
	人员 1	人员 2	人员 3	人员 4	人员 5	人员 6
1	1200	1200	1200	1200	1200	1200
2	1200	1200	1200	1200	1200	**1100**
3	1200	1200	1200	**1000**	1200	**1100**
4	1200	**900**	1200	**1000**	1200	**1100**
5	**800**	**900**	1200	**1000**	1200	**1100**
6	**800**	**900**	1200	**1000**	**700**	**1100**

注：黑体标记数据代表重点保障目标人员的浓度设定值。

对每个人员需保障的区域为其鼻部附近区域，具体区域范围见表6-7。

人员保障区域位置分布　　　　　　　　　　表6-7

对象	起点坐标			终点坐标		
	X_S(m)	Y_S(m)	Z_S(m)	X_E(m)	Y_E(m)	Z_E(m)
人员 1	0.85	0.90	0.70	1.15	1.10	1.10
人员 2	2.85	0.90	0.70	3.15	1.10	1.10
人员 3	4.85	0.90	0.70	5.15	1.10	1.10
人员 4	0.85	0.90	2.90	1.15	1.10	3.30
人员 5	2.85	0.90	2.90	3.15	1.10	3.30
人员 6	4.85	0.90	2.90	5.15	1.10	3.30

假设通过新风系统的调控可实现各风机盘管新风量的独立调节，即各风机盘管的新风比独立可调，每台风机盘管新风量可调节范围为 $0 \sim 174\text{m}^3/\text{h}$（风机盘管送风量）。需要解决的问题是，通过合理调节各风机盘管的新风量，实现以较小的新风量满足各场景下差异化的 CO_2 浓度控制需求。

利用建立的送风优化模型，可对各算例进行快速的优化求解，确定出满足 CO_2 浓度控制需求的新风量。以基础算例1为例，针对各保障位置的 CO_2 浓度需求，可建立相应的约束条件，见式（6-9）：

$$\text{s. t.} \sum_{n_S=1}^{4} \left[C_S^{n_S} a_{S,i}^{n_S}(\infty) \right] + \sum_{n_C=1}^{6} \left[\frac{J^{n_C}}{Q} a_{C,i}^{n_C}(\infty) \right] \leqslant 1200 \quad i = 1, \ldots, 6 \tag{6-9}$$

为获得所需新风量，还需建立送风 CO_2 浓度与新风量关联的约束条件。由于风机盘管系统属于带回风系统，即回风 CO_2 浓度会影响送风 CO_2 浓度，因此，送风 CO_2 浓度与回风 CO_2 浓度和新风量相关联。根据文献［2］中的方法，可建立包含新风量与送风浓度的等式约束条件（6-10）：

$$\text{s. t.} \left\{ \sum_{n_S=1}^{4} \left[C_S^{n_S} a_{S,Rj}^{n_S}(\infty) \right] + \sum_{n_C=1}^{6} \left[\frac{J^{n_C}}{Q} a_{C,Rj}^{n_C}(\infty) \right] \right\} (Q_j - Q_{fj})$$
$$+ C_{od} Q_{fj} - Q_j C_S^j = 0 \quad j = 1, \ldots, 4 \tag{6-10}$$

式中，　Q_j ——第 j 个风机盘管的送风量；

$\quad\quad Q_{fj}$ ——第 j 个风机盘管的新风量；

$a_{S,Rj}^{n_S}(\infty)$ ——第 n_S 个风机盘管送风口对第 j 个风机盘管回风口的稳态送风可及度；

$a_{C,Rj}^{n_C}(\infty)$ ——第 n_C 个 CO_2 释放源对第 j 个风机盘管回风口的稳态污染源可及度；

$\quad\quad C_{od}$ ——室外新风浓度。

以节能为目标，取各风机盘管新风量之和作为目标函数，优化目标为使总新风量最小，即：

$$\min \sum_{j=1}^{4} Q_{fj} \tag{6-11}$$

基于式（6-9）～式（6-11）建立优化模型，求解可得最优的新风量。算例2～算例6按照上述方法分别建立优化模型进行求解。

优化得到的各风机盘管新风量见表 6-8。

风机盘管新风量优化结果 表 6-8

算例编号	新风量（m^3/h）				总新风量（m^3/h）
	Q_{f1}	Q_{f2}	Q_{f3}	Q_{f4}	
1	76	39	24	11	150
2	52	10	45	57	164
3	4	28	139	5	176
4	0	140	61	27	228
5	173	5	153	0	331
6	174	14	174	163	525

各人员占据位置处 CO_2 浓度保障结果见表 6-9。

CO_2 浓度保障结果 表 6-9

算例编号	CO_2 浓度保障值（ppm）					
	人员 1	人员 2	人员 3	人员 4	人员 5	人员 6
1	1094	1082	1199	1168	1118	1200
2	1087	1056	1199	1098	1029	**1100**
3	1111	1044	1194	**1000**	1014	**1078**
4	997	**900**	1024	**981**	932	**1009**
5	**800**	**806**	938	**819**	809	**884**
6	**749**	**725**	868	**755**	**700**	**770**

注：黑体标记数据代表重点保障目标人员最终能够保障的浓度数值。

算例 1 中 6 个人均未提出特殊的空气品质需求，因此，仅需按照基本的 CO_2 浓度允许上限（1200ppm）进行保障即可，通过参数优化可快速求解出此时需要的最小新风量，利用求解出的新风量，最终在各位置营造出的 CO_2 浓度值均不高于 1200ppm，满足基本保障需求。算例 2 中仅人员 6 在基本保障基础上提出了更高的空气品质需求（浓度上限1100ppm），按照此时的需求，可再次进行优化，确定出满足此时需求的最小新风量。算例 3～算例 6 中，依次有 2 人、3 人、4 人和 5 人提出了各自对空气品质的不同需求，通过优化模型均可一次性求解出满足不同需求的最小新风量值。此外，随着提出特别需求的位置数增加，对新风量的需求也不断提高，从优化结果可以看出，保障各需求场景需要的最小新风需求量不断增加。在多位置需求下，若采用传统均匀环境营造方法，则很难在各需求位置之间营造出本例所示的不同参数值，且为较好的保障室内空气品质，往往需要较大的新风量；而若通过 CFD 方法进行新风量选择，则需要针对特定的需求不断调节新风量取值，进行反复迭代才有可能找到能同时满足多位置需求的新风量值，该新风量确定过程十分耗时，且难以得到最小新风量。

6.2.4 多位置差异化温度的送风优化

基于一个典型的通风房间，展示不同温度需求场景的送风优化。如图 6-7 所示，房间尺寸为 10m（X）×6m（Y）×3m（Z），顶棚设置 4 个送风口（S1～S4，每个送风口尺寸为 0.3m×0.3m），侧墙底部设置 4 个排风口（E1～E4，每个排风口尺寸为 0.4m×0.2m）。9 个热源（H1～H9）位于 0.6m 高度，每个热源的强度为 70W。假设墙体绝热。初始送风温度为 18℃，送风速度为 1m/s。在所有热源都释放热量的代表性热场景下，建立固定流场计算稳态可及度指标。

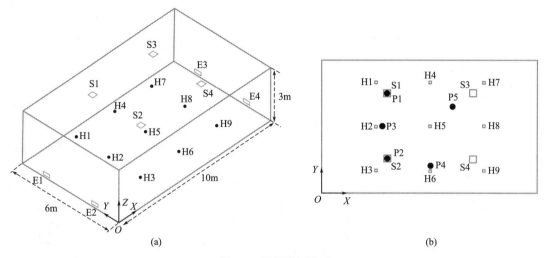

图 6-7　通风房间设计

(a) 房间几何模型；(b) 热源和需求位置分布

共设置了 5 个算例，见表 6-10。需求位置 P1 和 P2 位于送风口 S1 和 S2 的正下方，P3 和 P4 分别靠近热源 H2 和 H6，P5 远离送风口和热源。每个算例均有两个有个性化热需求的位置，4 个送风口相应地分为两组可独立调节送风温度的风口，即 S1 和 S3 作为一组，S2 和 S4 作为另一组。每组送风温度可在 18～28℃ 范围内调节。

算例设置　　　　　　　　　　　　　　　　　　　表 6-10

算例编号	需求位置坐标(m)	设定温度(℃)
1	P1(3,4.5,1.2),P2(3,1.5,1.2)	P1=24,P2=26
2	P1(3,4.5,1.2),P5(6,4,1.2)	P1=24,P5=26
3	P1(3,4.5,1.2),P4(5,1.2,1.2)	P1=24,P4=26
4	P3(2.7,3,1.2),P4(5,1.2,1.2)	P3=24,P4=26
5	P3(2.7,3,1.2),P4(5,1.2,1.2)	P3=24,P4=24.5

表 6-11 中列出了每个送风口的优化送风温度。以优化后的送风温度为边界条件，进行 CFD 模拟，得到需求位置的温度结果，如图 6-8 所示。

送风温度的优化结果　　　　　　　　　　　　　　表 6-11

算例编号	送风温度(℃)	
	S1,S3	S2,S4
1	23.8	25.9

续表

算例编号	送风温度(℃)	
	S1,S3	S2,S4
2	23.8	25.2
3	23.8	24.1
4	18.5	25.9
5	21.8	22.8

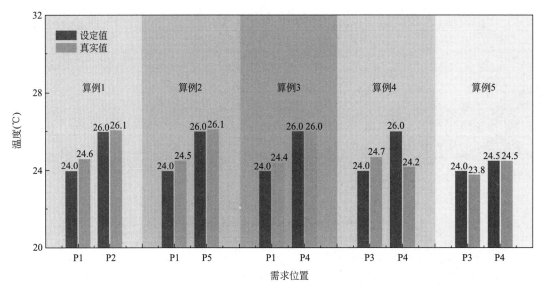

图 6-8　需求位置温度保障结果

在算例 1 中，需求位置 P1 和 P2 分别靠近送风口 S1 和 S2，温度容易受到 S1 和 S2 的送风温度影响，因此，最佳送风温度接近 P1 和 P2 的设定温度（表 6-11），最终 P1 和 P2 处分别出现 0.6℃ 和 0.1℃ 的偏差，平均偏差为 0.35℃（图 6-8）。出现偏差的原因在于优化方法所基于的固定流场与实际热场景下的流场因两送风口的送风温差而呈现一定的差异（图 6-9）。

当需求位置从 P2 改变为 P5 时（算例 2），送风口 S2 和 S4 对新位置的影响变弱，而热源的影响变强，因此，降低 S2 和 S4 的送风温度以抵消 P5 处的温度上升。送风温差降至 1.4℃，各需求位置保障的温度的偏差分别为 0.5℃ 和 0.1℃。随着需求位置从 P5 改变到 P4（算例 3），由于靠近热源 H6，热源的影响变得更大，S2 和 S4 的送风温度进一步降低。送风温差降至 0.3℃，最终保障的温度偏差分别为 0.4℃ 和 0℃，平均偏差仅为 0.2℃。在算例 4 中，需求位置 P3 和 P4 都远离送风口，送风影响减弱，因此需要 18.5℃ 的较低送风温度来满足 P3 的相对低温要求，这导致了 7.4℃ 的显著送风温差，使得流场发生了显著变化（图 6-9）。因此，每组送风口对需求位置的影响发生了显著变化，送风口 S1 和 S3 的影响增加，导致 P4 处的温度低于 P3 处的温度，温度偏差达到 1.8℃。当所需温差的差异下降到 0.5℃（算例 5），送风温差可降低到 1℃，最终保障的温度偏差降低到 0.2℃ 和 0℃。

从结果来看，当需求位置靠近送风口时，更有可能得到保证。然而，当需求位置远离

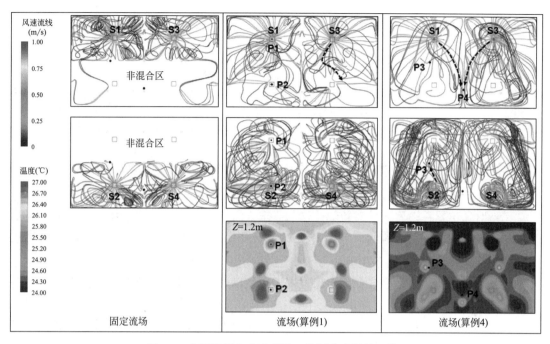

图 6-9 实际流场和方法所基于的固定流场的比较*

送风口时，很难保证所需的温度，并且需要更低的送风温度和相应更高的能耗。此外，受浮升力作用，送风温差的增加显著影响了流场特性，从而对送风优化的可靠性提出了挑战。

6.3 响应需求改变的送风优化调节

第6.2节建立了室内源参数一定时，面向差异化需求的送风优化模型。但有时候，在按照优化送风参数进行各位置参数调节过程中，在参数达到设定值之前，需求（位置、数量、设定值等）或源（位置、数量、强度等）参数可能会发生变化，例如人员由 A 位置移动至 B 位置，但其需求不变。若以上因素中的任何一项发生较为显著的变化，则按当前送风参数持续送风最终将导致保障值与设定值的偏离。因此，需要及时响应这种改变，快速制定出能够补偿将导致偏差的送风调节策略。这在需要短时间内实现保障的场合尤为重要，如应急通风情况。本节将对该问题进行分析，送风参数优化调节方法基于模型二[式（6-6）]建立，实际也可采用本章提出的其他模型。

（1）需求参数改变时的优化调节

需求参数包括保障位置分布、保障位置数量、需求参数值和需要保障时刻，本节主要介绍保障位置改变后的送风参数优化调节方法。图 6-10 给出了保障位置改变的示意图。假设 N 个位置存在需求，各位置保障时刻为 τ_0，通过送风优化模型可快速确定送风参数，进而从 0 时刻开始，各送风口送风参数按照优化结果进行调节。在到达 τ_0 之前的某时刻，室内有 M 个保障对象的位置移动而形成新的保障位置分布，而需保障位置数量、需求参数值及室内源参数保持不变。此时，前一次优化的送风参数不能较好满足新的位置分布下的参数需求，需要再次优化调节，以应对变化后的需求。

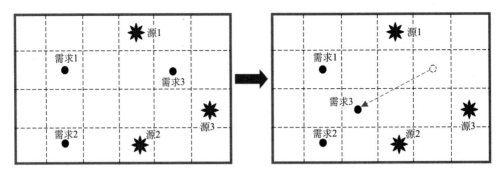

图 6-10　部分需求位置改变示意图

保障对象位置移动后，针对新的非均匀需求，需要再次进行送风参数优化调节。假定通风系统可根据优化结果瞬间调节出需要的送风参数，调节完成时刻为 τ_S，前一次优化出的第 n_S 个送风口的送风参数值为 $\phi_{S,0}^{n_S}$，位置改变后再次优化出的送风参数值为 $\phi_{S,1}^{n_S}$。如果送风参数重新调整之后各保障对象位置不再变动，则送风参数值在整个保障过程中的变化可用图 6-11（a）表示。固定流场下，每个送风口的送风参数对任意位置的参数影响可线性叠加，而对于每个送风口而言，如果将其送风参数视作几部分送风参数之和，则这几部分送风参数的单独影响也可叠加。因此，第 n_S 个送风口（ $n_S=1,\dots,N_S$ ）在（0，τ_0）时间段内的送风参数可分解为（0，τ_0）时间段内持续作用的送风参数 $\phi_{S,0}^{n_S}$ 以及（τ_S，τ_0）时间段内持续作用的送风参数（ $\phi_{S,1}^{n_S}-\phi_{S,0}^{n_S}$ ），如图 6-11（b）所示。

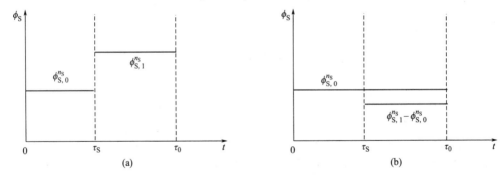

图 6-11　送风参数变化曲线的分解
（a）送风参数变化曲线；（b）送风参数曲线分解

初始时刻，第一次送风参数调整值由式（6-12）确定：

$$\min \quad f(\phi_{S,0}^{1},\dots,\phi_{S,0}^{N_S})$$

$$\text{s.t.} \quad \sum_{n_S=1}^{N_S}\left[(\phi_{S,0}^{n_S}-\phi_o)a_{S,i}^{n_S,0}(\tau_0)\right]+\sum_{n_C=1}^{N_C}\left[\frac{J_\phi^{n_C}}{Q_\phi}a_{C,i}^{n_C,0}(\tau_0)\right]+\sum_{n_I=1}^{N_I}\left[(\bar{\phi}_0^{n_I}-\phi_o)a_{I,i}^{n_I,0}(\tau_0)\right]+\phi_o$$

$$\geqslant \phi_{set,i}^{0}(\tau_0)-\Delta\phi_{set,i}^{0}(\tau_0)$$

$$\sum_{n_S=1}^{N_S}\left[(\phi_{S,0}^{n_S}-\phi_o)a_{S,i}^{n_S,0}(\tau_0)\right]+\sum_{n_C=1}^{N_C}\left[\frac{J_\phi^{n_C}}{Q_\phi}a_{C,i}^{n_C,0}(\tau_0)\right]+\sum_{n_I=1}^{N_I}\left[(\bar{\phi}_0^{n_I}-\phi_o)a_{I,i}^{n_I,0}(\tau_0)\right]+\phi_o$$

$$\leqslant \phi_{set,i}^{0}(\tau_0)+\Delta\phi_{set,i}^{0}(\tau_0),i=1,\dots,N$$

$$\phi_{\min}^{n_S}\leqslant \phi_{S,0}^{n_S}\leqslant \phi_{\max}^{n_S},n_S=1,\dots,N_S$$

$$(6\text{-}12)$$

式中，$a_{S,i}^{n_S,0}(\tau_0)$、$a_{C,i}^{n_C,0}(\tau_0)$ 和 $a_{I,i}^{n_I,0}(\tau_0)$——保障位置改变前，第 n_S 个送风口、第 n_C 个室内源和第 n_I 个分初始条件在时刻 τ_0 对第 i 个保障对象所处位置的可及度；

$\phi_{set,i}^0(\tau_0)$、$\Delta\phi_{set,i}^0(\tau_0)$——第 i 个保障对象在时刻 τ_0 的设定值及允许偏差。

在新的保障对象分布下，第 i 个保障对象（$i=1,\cdots,N$）所处位置在 τ_0 时刻的参数可表示为：

$$\phi_i^1(\tau_0) = \sum_{n_S=1}^{N_S}\left[(\phi_{S,0}^{n_S}-\phi_o)a_{S,i}^{n_S,1}(\tau_0)\right] + \sum_{n_S=1}^{N_S}\left[(\phi_{S,1}^{n_S}-\phi_{S,0}^{n_S})a_{S,i}^{n_S,1}(\tau_0-\tau_S)\right]$$

$$+ \sum_{n_C=1}^{N_C}\left[\frac{J_\phi^{n_C}}{Q_\phi}a_{C,i}^{n_C,1}(\tau_0)\right] + \sum_{n_I=1}^{N_I}\left[(\overline{\phi}_0^{n_I}-\phi_o)a_{I,i}^{n_I,1}(\tau_0)\right] + \phi_o \tag{6-13}$$

式中，$a_{S,i}^{n_S,1}(\tau_0)$、$a_{S,i}^{n_S,1}(\tau_0-\tau_S)$、$a_{C,i}^{n_C,1}(\tau_0)$ 和 $a_{I,i}^{n_I,1}(\tau_0)$——保障位置改变后，第 n_S 个送风口在时刻 τ_0 及时刻 $(\tau_0-\tau_S)$、第 n_C 个室内源和第 n_I 个分初始条件在时刻 τ_0 对第 i 个保障对象所处位置的可及度。如果第 i 个对象位置未改变，则 $a_{S,i}^{n_S,1}(\tau_0)=a_{S,i}^{n_S,0}(\tau_0)$，$a_{C,i}^{n_C,1}(\tau_0)=a_{C,i}^{n_C,0}(\tau_0)$，$a_{I,i}^{n_I,1}(\tau_0)=a_{I,i}^{n_I,0}(\tau_0)$。

基于各位置新的分布，建立新的约束条件，由此构成用于确定二次送风参数优化调节值的模型（6-14）：

$$\min \quad f(\phi_{S,1}^1,\ldots,\phi_{S,1}^{N_S})$$

$$\text{s.t.} \quad \sum_{n_S=1}^{N_S}\left[(\phi_{S,0}^{n_S}-\phi_o)a_{S,i}^{n_S,1}(\tau_0)\right] + \sum_{n_S=1}^{N_S}\left[(\phi_{S,1}^{n_S}-\phi_{S,0}^{n_S})a_{S,i}^{n_S,1}(\tau_0-\tau_S)\right] + \sum_{n_C=1}^{N_C}\left[\frac{J_\phi^{n_C}}{Q_\phi}a_{C,i}^{n_C,1}(\tau_0)\right]$$

$$+ \sum_{n_I=1}^{N_I}\left[(\overline{\phi}_0^{n_I}-\phi_o)a_{I,i}^{n_I,1}(\tau_0)\right] + \phi_o \geqslant \phi_{set,i}^0(\tau_0)-\Delta\phi_{set,i}^0(\tau_0)$$

$$\sum_{n_S=1}^{N_S}\left[(\phi_{S,0}^{n_S}-\phi_o)a_{S,i}^{n_S,1}(\tau_0)\right] + \sum_{n_S=1}^{N_S}\left[(\phi_{S,1}^{n_S}-\phi_{S,0}^{n_S})a_{S,i}^{n_S,1}(\tau_0-\tau_S)\right] + \sum_{n_C=1}^{N_C}\left[\frac{J_\phi^{n_C}}{Q_\phi}a_{C,i}^{n_C,1}(\tau_0)\right]$$

$$+ \sum_{n_I=1}^{N_I}\left[(\overline{\phi}_0^{n_I}-\phi_o)a_{I,i}^{n_I,1}(\tau_0)\right] + \phi_o \leqslant \phi_{set,i}^0(\tau_0)+\Delta\phi_{set,i}^0(\tau_0), i=1,\ldots,N$$

$$\phi_{min}^{n_S} \leqslant \phi_{S,1}^{n_S} \leqslant \phi_{max}^{n_S}, n_S=1,\ldots,N_S$$

$$\tag{6-14}$$

求解式（6-14），即可快速确定出在当前送风参数基础上进一步的送风参数调整量。

（2）源参数改变时的优化调节

源参数包括源位置分布、源数量、源强度值，本节主要介绍源位置改变后的送风参数优化调节方法，方法的建立思路也可用于其他因素改变后的优化调节。图 6-12 给出了源位置改变的示意图。假设室内有 N_C 个源，初始阶段的送风参数根据式（6-12）进行优化调整。在某时刻 τ_C，室内有 M_C 个源位置改变，而源数量、源强度及各位置参数需求不变。此时，前一次优化的送风参数将不能较好满足新的源位置分布下的参数需求，需要再次优化调节，以应对变化后的需求。

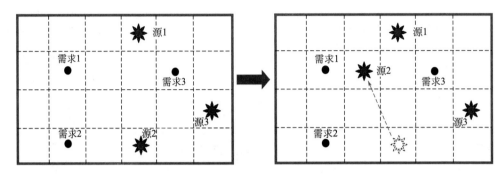

图 6-12　部分源位置改变示意图

　　某源位置移动后，该源之前位置将无源，而在新位置将出现源，对于前后两个源位置而言，其源释放曲线见图 6-13（a）。与送风曲线的分解相似，之前位置的源释放曲线可分解为 $(0,\tau_0)$ 时间段内释放强度为 $J_\phi^{n_C}$ 的恒定源和在 (τ_c,τ_0) 时间段内释放强度为 $-J_\phi^{n_C}$ 的负恒定源；而新位置的源释放曲线为在 (τ_c,τ_0) 时间段内释放强度为 $J_\phi^{n_C}$ 的恒定源［图 6-13（b）］。

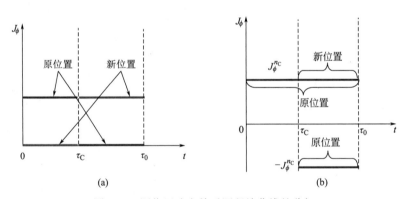

图 6-13　源位置改变前后源释放曲线的分解
（a）源强度变化曲线；（b）源强度曲线分解

　　假设送风参数在 τ_S 时刻调整完毕，则送风参数的分解曲线见图 6-11。针对新的源位置分布，第 i 个保障对象（$i=1,\ldots,N$）所处位置在时刻 τ_0 的参数可表示为：

$$\phi_i^1(\tau_0)=\sum_{n_S=1}^{N_S}[(\phi_{S,0}^{n_S}-\phi_o)a_{S,i}^{n_S,0}(\tau_0)]+\sum_{n_S=1}^{N_S}[(\phi_{S,1}^{n_S}-\phi_{S,0}^{n_S})a_{S,i}^{n_S,0}(\tau_0-\tau_S)]+$$
$$\sum_{n_C=1}^{N_C}\left[\frac{J_\phi^{n_C}}{Q_\phi}a_{C,i}^{n_C,0}(\tau_0)\right]+\sum_{n_C=1}^{N_C}\left[\frac{-J_\phi^{n_C}}{Q_\phi}a_{C,i}^{n_C,0}(\tau_0-\tau_C)\right]+\sum_{n_C=1}^{N_C}\left[\frac{J_\phi^{n_C}}{Q_\phi}a_{C,i}^{n_C,1}(\tau_0-\tau_C)\right]$$
$$+\sum_{n_I=1}^{N_I}[(\bar\phi_0^{n_I}-\phi_o)a_{I,i}^{n_I,0}(\tau_0)]+\phi_o \tag{6-15}$$

式中，$a_{C,i}^{n_C,1}(\tau_0-\tau_C)$——新的室内源分布下，第 n_C 个室内源在时刻 $(\tau_0-\tau_C)$ 对第 i 个保障
对象位置的可及度。如果第 n_C 个保障对象位置未改变，则
$a_{C,i}^{n_C,1}(\tau_0-\tau_C)=a_{C,i}^{n_C,0}(\tau_0-\tau_C)$。

基于新的源分布，建立新的约束条件，由此构成用于确定二次送风参数优化调节值的
模型（6-16）：

$$\min \quad f(\phi_{S,1}^1,\dots,\phi_{S,1}^{N_S})$$

$$\text{s.t.} \quad \sum_{n_S=1}^{N_S}[(\phi_{S,0}^{n_S}-\phi_o)a_{S,i}^{n_S,0}(\tau_0)]+\sum_{n_S=1}^{N_S}[(\phi_{S,1}^{n_S}-\phi_{S,0}^{n_S})a_{S,i}^{n_S,0}(\tau_0-\tau_S)]+\sum_{n_C=1}^{N_C}\left[\frac{J_\phi^{n_C}}{Q_\phi}a_{C,i}^{n_C,0}(\tau_0)\right]+$$

$$\sum_{n_C=1}^{N_C}\left[\frac{-J_\phi^{n_C}}{Q_\phi}a_{C,i}^{n_C,0}(\tau_0-\tau_C)\right]+\sum_{n_C=1}^{N_C}\left[\frac{J_\phi^{n_C}}{Q_\phi}a_{C,i}^{n_C,1}(\tau_0-\tau_C)\right]+\sum_{n_I=1}^{N_I}[(\overline{\phi}_0^{n_I}-\phi_o)a_{I,i}^{n_I,0}(\tau_0)]+\phi_o$$

$$\geqslant \phi_{set,i}^0(\tau_0)-\Delta\phi_{set,i}^0(\tau_0)$$

$$\sum_{n_S=1}^{N_S}[(\phi_{S,0}^{n_S}-\phi_o)a_{S,i}^{n_S,0}(\tau_0)]+\sum_{n_S=1}^{N_S}[(\phi_{S,1}^{n_S}-\phi_{S,0}^{n_S})a_{S,i}^{n_S,0}(\tau_0-\tau_S)]+\sum_{n_C=1}^{N_C}\left[\frac{J_\phi^{n_C}}{Q_\phi}a_{C,i}^{n_C,0}(\tau_0)\right]+$$

$$\sum_{n_C=1}^{N_C}\left[\frac{-J_\phi^{n_C}}{Q_\phi}a_{C,i}^{n_C,0}(\tau_0-\tau_C)\right]+\sum_{n_C=1}^{N_C}\left[\frac{J_\phi^{n_C}}{Q_\phi}a_{C,i}^{n_C,1}(\tau_0-\tau_C)\right]+\sum_{n_I=1}^{N_I}[(\overline{\phi}_0^{n_I}-\phi_o)a_{I,i}^{n_I,0}(\tau_0)]+\phi_o$$

$$\leqslant \phi_{set,i}^0(\tau_0)+\Delta\phi_{set,i}^0(\tau_0), i=1,\dots,N$$

$$\phi_{min}^{n_S}\leqslant \phi_{S,1}^{n_S}\leqslant \phi_{max}^{n_S}, n_S=1,\dots,N_S$$

$$(6\text{-}16)$$

求解式（6-16），即可快速确定出在当前送风参数基础上进一步的送风参数调整量。

6.4 多步联合快速送风优化方法

第 6.2 节提出的优化模型虽可快速优化出送风参数，但若根据优化结果只进行一次送风
参数调节，则在送风参数调节到位之后，如当前参数与目标值距离较远，各保障位置的参数
值将仅能在流场输运下缓慢向设定值靠近，因此，一步送风优化调节过程虽可保障控制过程
稳定不振荡，但参数变化过程耗时较长。如能减少参数变化过程的耗时，则整个需求保障过
程将更加高效。由于优化模型可进行任意瞬态参数需求下的送风参数快速决策，这使得在保障
位置参数向设定值变化的过程中，主动设定合适的策略而进行若干次送风优化及联合调节，从
而加速参数变化过程成为可能。本节将针对参数偏离设定值时的快速优化调节策略进行分析。

在一次送风参数优化（One-Step Optimization，OSO）中，受制于流场传输空气参数
固有的时间延迟特性。每个位置从初始空气参数状态到各自设定值的逼近过程必然是缓慢
的，可以通过多步联合优化（Multi-Step Joint Optimization，MSJO）缩短逼近设定值的
时间。MSJO 引起的每个目标位置处空气参数变化可以分为 3 个阶段（图 6-14）：①每个
目标位置处空气参数的快速变化（阶段 1）。该阶段依据人为设定的中间步目标值进行送风
参数优化调节，对应保障位置处的参数快速上升或下降。②过渡阶段（阶段 2）。该阶段为
前面几步送风调控过程结束（中间优化调节过程可能为一步或多步）、最后一步送风参数
调控刚开始的短暂阶段。在该阶段，之前时刻送风参数的影响不断减弱，而新调节出的送

风参数的影响不断加强，参数变化过程表现为向最后一步稳定调控曲线回落。③目标位置处的空气参数向最终需求值逼近（阶段 3）。在该阶段，参数在最后一步送风参数作用下，向设定值单调缓慢逼近。

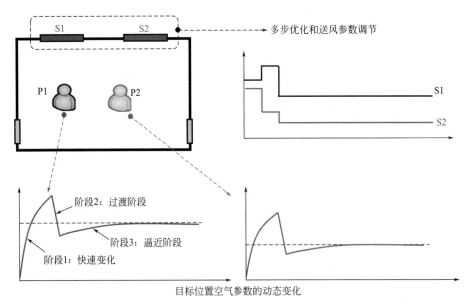

图 6-14　多步送风优化示意图*

通过对 3 个阶段的分析可知，第二阶段参数回落值与设定值的偏差是影响调节过程耗时的主要因素，如能使第二阶段结束时的参数回落至设定值附近，则第三阶段的单调趋近特征将能保证在第二阶段结束后的很短时间内需求得以保障。但由于第二阶段结束时刻未知，基于该时刻设定目标值进行中间步优化并不可行。如能在第三阶段上选择一个时刻，设定该时刻的目标值作为中间步优化目标，则第三阶段的单调趋近特征也将保证在该时刻之后很短时间内需求得以保障。基于该思路，建立参数快速调控策略如下[3]：

（1）针对最终控制目标建立优化模型，求解出最后一步需调节到的送风参数。

（2）指定最终调节步之前的中间调控步数和每步持续作用时间（持续时间应参考通风空调系统实际进行一步调节的时间确定。为保证控制过程稳定性，应使每步送风参数作用时间大于系统对送风参数本身的一步调节时间）。假设总调控步数为 N，每步作用时间为 τ_0（每步作用时间可不等）。

（3）将时刻 $\tau = (N-1) \times \tau_0 + k \times \tau_0$ 作为控制时刻，设定各保障位置参数值等于各自的参数需求值，建立优化模型一次性求解出前 $(N-1)$ 步需调节成的送风参数值（$\Delta\tau = k \times \tau_0$ 为增加的一段时间长度，如 τ_0 选择合适，k 取 1 即可保证时刻 τ 处于第三阶段）。

（4）按照两次送风参数优化得到的各调节步送风参数优化值进行过程调控，实现快速调节。

典型的通风房间几何模型如图 6-15 所示。房间尺寸为 4m（X）×2.5m（Y）×3m（Z），两个送风口 S1 和 S2 布置在顶棚，两个排风口 E1 和 E2 布置在两侧墙的底部，每个风口尺寸为 0.2m×0.2m，送风速度设置为 1m/s，等温工况。房间内没有释放源。每个送风口的目标组分浓度可在 0~14mg/m³ 范围内调节，将平面 $Z = 1.5$m 处 P1~P9 的 9 个位置作为目标位置。

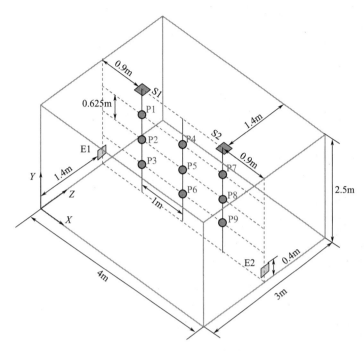

图 6-15 通风房间几何模型

设置了 6 个算例，见表 6-12。在算例 1 和算例 2 中，单个位置需要被保障，通过调节送风口 S1 的参数来进行保障。在算例 3 中，两个位置提出不同的参数要求，通过独立调节 S1 和 S2 的送风参数同时满足。在算例 4 中，通过调节 S1 和 S2 送风参数来满足 4 个位置，此时，目标位置的数量超过了送风口数量。对于上述 4 种情况，每个目标位置的参数值从初始的 0 变化到设定值，即每个位置的参数的变化方向相同。由于不同目标位置处的空气参数可能反向调节，设置了两个目标位置的算例 5 和算例 6，以考察多位置参数反向调节过程的耗时。在算例 5 中，P2 和 P8 处的浓度首先保持在 5mg/m³ 和 3mg/m³，此后，P2 的参数降低到 3mg/m³，而 P8 的参数增加到 5mg/m³。在算例 6 中，P2 和 P5 的参数分别从最初的 5mg/m³ 和 3.5mg/m³ 变化为 3.5mg/m³ 和 5mg/m³。

算例设置　　　　　　　　　　　　　　　　表 6-12

算例编号	目标位置设定值(mg/m³)								
	P1	P2	P3	P4	P5	P6	P7	P8	P9
1		5							
2					5				
3		5						3	
4		7			5		2		3
5		3						5	
6		3.5			5				

为突出所提出方法本身的特点，忽略了通风空调系统将送风参数调节到位所需的时间，即认为一旦优化确定了所需的送风参数，就可以立即完成送风参数的调整。对于每种

算例，通过 OSO 和 MSJO 优化送风浓度。获得的优化送风参数用作直接瞬态 CFD 模拟的边界条件。对于送风参数优化，首先使用优化模型一，优化目标为使相邻调节步之间的送风参数调节量最小；如果模型一无解，则转而采用模型三优化，使每个位置的参数靠近设定值。每个位置设定 $\pm 0.2 \mathrm{mg/m^3}$ 的允许偏差范围，用于判定该位置参数满足需求所需要的时间。对于 MSJO，送风参数的每个中间调节步的维持时间设为 2min，并设置额外的 2min 作为中间优化的目标时间，在该目标时间每个位置的参数值设定等于最终的需求值。

通过送风口 S1 对位置 P2 的优化调节结果如图 6-16 所示。当根据最终设定值进行 OSO 时，P2 的参数浓度缓慢靠近设定值。直到 864s 时，浓度才达到 $4.8 \sim 5.2 \mathrm{mg/m^3}$ 的范围。采用 MSJO 后，参数变化明显加快。对于两步调节，由于第一步送风时间（120s）较短，且送风参数可调节能力范围有限，使得 P2 的空气参数在 240s 时未能达到要求的设定值 $5 \mathrm{mg/m^3}$，但在 130s（第二阶段结束时）浓度降至 $4.3 \mathrm{mg/m^3}$，与最终设定值接近，而对于 OSO，此时的浓度仅为 $3.19 \mathrm{mg/m^3}$。在 240s 的目标时间时，浓度达到 $4.55 \mathrm{mg/m^3}$，更接近于最终设定值，而 OSO 下此时的浓度仅为 $3.76 \mathrm{mg/m^3}$，最终达到设定值范围的时间为 620s，比 OSO 缩短了 28%。对于三步调节，前两步送风调节的总时间（240s）较长，足以使浓度在短时间内达到设定值，在 250s 时（第二阶段结束），浓度降至 $5.02 \mathrm{mg/m^3}$，基本等于设定值。在目标时间 360s 时，瞬态浓度按要求达到设定值。达到设定值范围的最终时间为 293s，时间缩短 66%。当实施四步调节时，前三步的送风调节更加灵活，达到目标的时间为 366s，对应的时间缩短 58%，但比三步送风调节所需的时

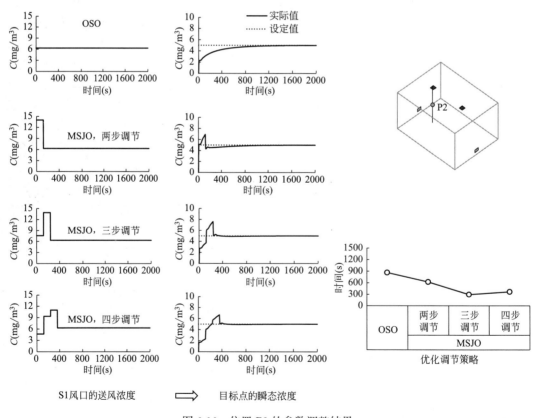

图 6-16　位置 P2 的参数调整结果

间略长。因此，更多的中间送风调节步数不一定是有益的。

通过送风口 S1 对位置 P5 的优化调节结果如图 6-17 所示。P2 比 P5 更容易实现快速调节。OSO 下 P5 所需的总调节时间为 1198s，比 P2 所需的时间长 334s，这是因为 P5 对 S1 送风参数的响应缓慢，S1 对 P5 的稳态可及度仅为 0.5，显著低于对 P2 的 0.79，P5 需要更多的时间来达到与 P2 相同的设定值。当实施两步调节时，调节时间仅减少了 67s，这是由于在第一步送风参数下 P5 对 S1 的响应较弱（在 120s 时可及度仅为 0.11），即使送风浓度在最大可调节值下运行，也不容易在规定时间（240s）内达到设定值。对于三步调节，送风参数在前两步以最大值运行，这允许有更多的时间来加速浓度的增加，由此产生的总调节时间进一步减少了 118s。四步调节大大加快了参数逼近过程，在前三个调节步（360s）结束时，浓度增加到 $4.23mg/m^3$，总调节时间为 732s，比 OSO 所需时间缩短 39%。五步调节使得前面的调节步更容易达到中间设定值，达到最终目标值的时间为 483s，缩短了 60%。因此，即使要保障的位置对送风的响应较弱，也可通过 MSJO 显著加速调节过程。

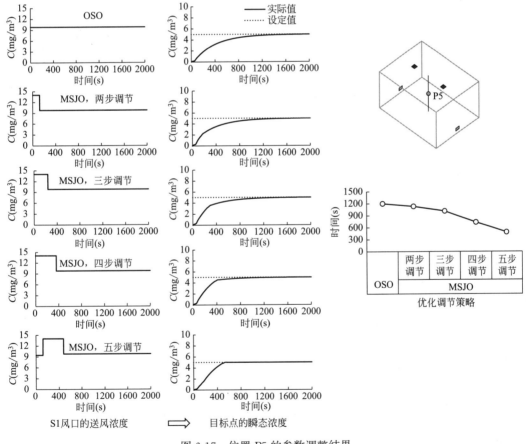

图 6-17　位置 P5 的参数调整结果

送风参数的同步调节无法同时控制多位置的差异化参数需求，而对部分送风口的独立调节有利于多位置需求的同时保障。通过送风口 S1 和 S2 对位置 P2 和 P8 的同时调节结果如图 6-18 所示。采用 OSO 时，P2 和 P8 处的需求参数被同时满足，并且在参数变化期间没有波动，但整个过程变化相对较慢，P2 和 P8 所需的调节时间分别为 950s 和 947s。MSJO 加速了这一过程，两个位置的参数迅速接近各自的设定值。两步调节所需的总时间分别为 252s 和 200s，分别缩短 73% 和 79%。P2 的调节时间比单一位置调节时（图 6-16）短，因为 S1 和 S2 的送风参数同时影响 P2，进一步加速了参数变化。由于两步调节时的调节过程已经很快，三步调节并未进一步加速调节过程，P2 和 P8 的调节时间均为 245s。对于四步调节，前三步调节已需要 360s，因此，与前述调节方法相比，调节时间有所增加。

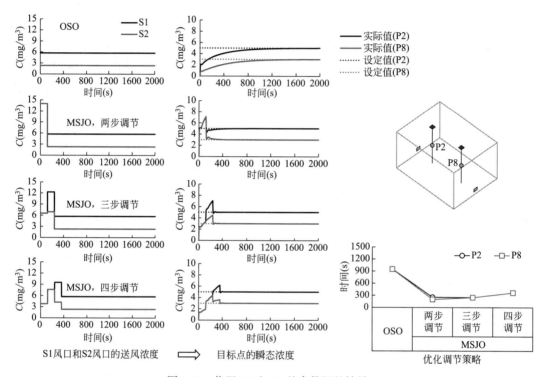

图 6-18　位置 P2 和 P8 的参数调整结果*

　　送风口 S1 和 S2 对位置 P2、P5、P7 和 P9 的同时调节结果如图 6-19 所示。由于 4 个位置的参数仅通过两个送风口独立调节来控制，尽管所提出的模型（OSO 和 MSJO）充分考虑了不同位置参数之间的相互影响，但并不能同时精确控制 4 个位置的参数。然而，通过优化调节，各位置参数可接近各自的设定值，最大偏差为 0.07mg/m³。整个参数变化过程稳定，没有波动或振荡。在 OSO 下，所需时间范围为 870～1344s。通过仅增加一个中间调节步（即两步调节），控制时间显著缩短 36%～86%。当实施三步调节时，P2 和 P5 所需的时间比 OSO 所需的时间缩短 79%，而 P7 和 P9 所需的时间有所增加。当实施四步调节时，所有 4 个位置所需的时间都增加了。因此，即使必须满足比送风口数量更多的位置的差异参数需求，MSJO 策略也可以快速调节所有位置参数，使其接近设定值。

　　上述算例中，各位置从最初的 0 增加到设定值。当同时控制多个位置时，各位置之间的参数可能会反向变化，针对这种情况设计算例，分析不同位置的参数变化是否相互制约，从而减缓了整体调节过程。图 6-20 给出了 P2 和 P8，以及 P2 和 P5 的反向调节结果。

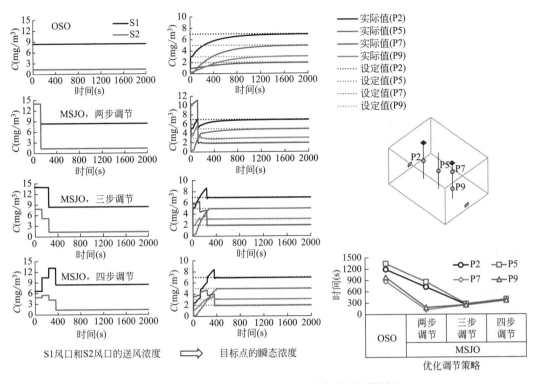

图 6-19 位置 P2、P5、P7 和 P9 的参数调整结果*

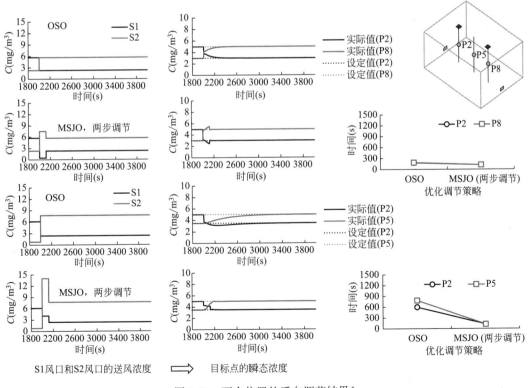

图 6-20 两个位置的反向调节结果*

由于 P2 和 P8 的初始浓度与其各自的目标设定值差别不大，并且 S1 和 S2 显著影响这两个位置（120s 时可及度为 0.5），对于 OSO 仅需要较短的调节时间（181s 和 186s）。采用两步 MSJO 后，时间缩短到 123s。对于 P2 和 P5，由于 P5 对送风参数的响应较慢，OSO 下的最长调节时间为 784s。在采用两步 MSJO 后，P2 和 P5 所需的时间分别显著减少至 125s 和 149s，对应 79% 和 81% 的时间缩短率，这是由于在第一调节步内空气参数的变化加速。因此，即使不同位置的参数被反向调节，MSJO 策略也可以加速参数变化。

由于室内环境是非均匀的，在一个共享空间内同时保障多个位置时，必须明确表达空气参数的不均匀分布特征，本节建立的 MSJO 优化调节方法，采用了描述非均匀环境下目标位置空气参数与源强度、送风参数之间关系的表达式，既能在空间上满足多个位置的差异化空气参数，又能在时间上实现向设定值的快速调整。通过与 OSO 的比较，证实了 MSJO 的快速性。各位置空气参数变化过程较为稳定，未见参数发生波动。由于可以根据参数之间的内在关系直接确定所需的送风参数，避免了根据当前参数与设定值的偏差进行反复调整的过程。使用 MSJO 时所需的送风调节步数，取决于目标位置对送风参数的响应以及当前参数值与设定值之间的偏差。如果响应快或偏差小，则一步调节可能就足够了。在本分析中，中间送风调节采用的时间步长为 2min，如果采用不同的时间步长，每个位置的初始加速过程特征可能会有所不同。时间步长不宜过长，以免影响加速过程，也不宜过短，以免频繁调整送风参数，从而保持系统的稳定性。算例结果表明，随着调节步数的增加，调节时间先减小后增大。因此，预计在调节步数上会有一个拐点，对应于最小的总调节时间。当调节步数小于拐点时，用于加速的中间送风参数作用时间不足，导致后续送风参数回落到远离期望值的位置；当调节步数超过拐点时，中间调节步骤的总时间将不必要地增加。拐点对应的最优调节步数值得进一步研究。该方法不仅适用于所有送风参数可同步调节的情况，也适用于部分或全部送风参数可独立调节的情况。本节算例仅展示了 2 个送风口独立调节的情况，而采用 MSJO 可同时满足 4 个位置的差异化参数需求，比传统的"一个控制器控制一个目标位置"的调节策略更有利。当多于 4 个位置的对象提出所需参数时，MSJO 预期也可将参数值维持在设定值附近，这是因为建立的送风优化模型清晰描述了各目标位置参数与各影响因素之间的定量关系，考虑了各目标位置参数之间的相互影响。因此，该方法可以满足各种应用场景下对多位置差异化参数的要求。

本研究采用示踪气体作为目标组分来分析所提出方法的快速性。该方法可用于快速调节被动空气标量，如湿度和各种污染物的浓度。然而，温度不是一个被动的空气标量，它对速度场会产生影响，因此，必须对流场发生一定改变时温度调节的精度进行评估。第 2.4 节评估了不同热源场景下基于线性关系的温度预测精度，结果表明，当用于建立线性关系的固定流场与要预测的热源场景下的实际流场相似时，可以获得可靠的预测，特别是在热源区域以外的空间，这为热环境的可靠预测与控制提供了依据。为了突出该方法的特点，在案例研究中忽略了每一步通过调节部件将送风参数从当前值调节到设定值所需的时间，考虑到调节部件的实际动作过程，所提方法的最终性能应通过使用实际通风空调系统测试获得。

6.5　本章小结

本章对面向室内多位置差异化需求的送风优化方法进行研究，主要结论如下：

（1）利用固定流场下室内任意位置瞬态参数分布表达式，建立了满足多位置差异化参数需求的送风优化模型。该模型充分考虑了室内不同边界条件对任意需求位置的定量影响，一旦各位置参数需求值设定，可快速确定出需要调节的送风参数。

（2）提出了加速参数调控的多步联合快速送风优化调控策略，该策略显著优于仅进行一步送风优化调节，单个和两个位置的参数调节时间均可缩短 70% 以上。即使目标位置的数量超过送风口的数量，每个目标位置的参数也可被调节到其期望值附近，并且参数调节时间可以缩短至少 36%。

第 6 章参考文献

［1］ Shao X，Li X，Ma X，et al. Optimising the supply parameters oriented to multiple individual requirements in one common space ［J］. Indoor and Built Environment，2014，23（6）：828-838.

［2］ Li X，Shao X，Ma X，et al. A numerical method to determine the steady state distribution of passive contaminant in generic ventilation systems ［J］. Journal of Hazardous Materials，2011，192：139-149.

［3］ Shao X，Liu Y，Wang B，et al. Fast regulation of multi-position differentiated environment：Multi-step joint optimization of air supply parameters ［J］. Building and Environment，2023，239：110425.

第 **7** 章
差异化多区热环境实现潜力

7.1 概述

在现有均匀室内环境设计时，送风射流在进入工作区之前需要充分衰减，若送风射流位于工作区内，则需要弱化初始动量，以免引起工作区强烈的吹风感。但当需要对工作区内的多个子区域进行灵活调节（如高大空间的区域送风）时，负担每个区域的送风射流需对本主控区域形成优势作用，而对其他区域作用弱化，这就要求送风射流不能完全衰减而丧失其作用的方向性。与此同时，不同位置的热源对每个子区域的影响也不同，对各区域的温升贡献也体现在各区域最终的热环境状态中。在共享通风空间内，各区域空气相互联通，区域间存在空气掺混，此时，区域间可实现的参数差异性水平如何有待定量研究。本章首先基于层式通风的送、回风布置形式，对差异化热环境的实现潜力进行分析，并进一步探讨其他送、回风布置形式的影响。

7.2 送风温度调节的分区热环境差异

现有通风气流组织包括混合通风、置换通风、层式通风、地板送风、碰撞射流通风等，其中层式通风的送风口布置在侧墙人体头顶高度上，距离工作区近，区域热环境参数对送风射流的响应快速，因此，选取层式通风分析多区域差异化热环境的实现潜力。与现有整体通风空调系统相比，由于不再是整体空间统一调节（相当于单个区域），而是多个子区域调节，因此，各子区域对应的送风口的送风参数需要具备独立调节的能力，对应的每个子区域需要有各自的送风温度和送风速度的调节装置以实现送风参数的独立调节。送风末端可如同风机盘管一样，独立调节送风量和送风温度，也可如图 7-1 所示进行分级处理，即首先采用集中空气处理装置将送风温度降至某一基础温度，之后各子区域采用二级空气处理装置将送风调节至需要的温度。

图 7-2 和图 7-3 展示了典型教室中层式通风示意图，教室尺寸为 8.8m（长）×6.1m（宽）×2.4m（高）。送风口（S1～S4）位于前墙，回风口（R1～R4）位于后墙，送风口和回风口尺寸均为 0.2m×0.2m，高度为 1.3m，即坐姿者的头部以上高度，送风速度为 2.11m/s，换气次数为 10h^{-1}。将 16 个座位分成 4 个区域（即区域 1～4），将区域 1 前方的送风口 S1、S2 划分为送风组 1，区域 2 前方的送风口 S3、S4 划分为送风组 2，通过调节两个送风组各自的送风参数，实现 4 个区域的差异化热环境营造[1]。

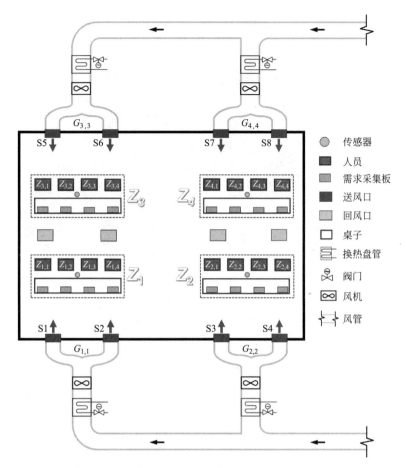

图 7-1 多子区域差异化热环境通风空调系统[*]

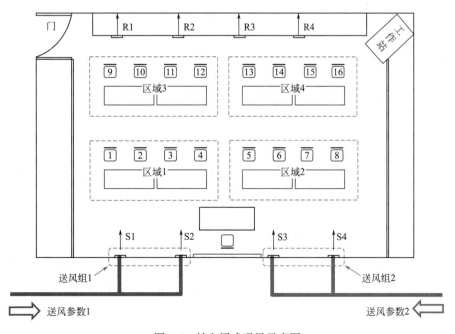

图 7-2 教室层式通风示意图

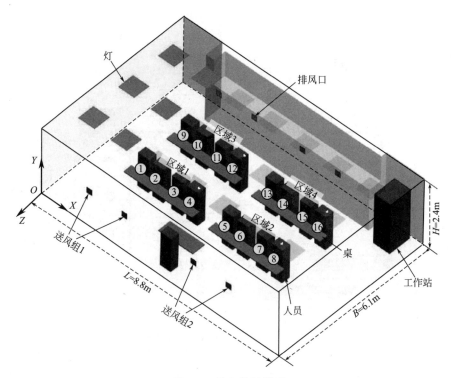

图 7-3　教室几何模型

假设两个送风组的送风温度可独立在 17~26℃ 范围内调节，最大可调节送风温度相差 9℃。表 7-1 中列出了 4 种不同的热源分布场景，其中外墙位于区域 1 和 3 的旁边，其余墙面绝热，灯位于顶棚。设置夏季时坐立者处于正常活动水平，新陈代谢率和服装热阻分别设定为 1.0met 和 0.57clo，房间的相对湿度设为 50%。

热源场景设置　　　　　　　　　　　　　　　　　　　　表 7-1

场景编号	热源强度（W）			
	人员	灯具	工作站	外墙
1	1190	1176	300	0
2	1190	0	0	300
3	1190	0	300	0
4	1190	0	0	0

表 7-2 列出了两个送风组的送风温度和热源场景的不同组合。对于每个算例的结果，考察每个人正前方 0.1m 处的空气状态，作为该位置的热状态。

工况设置　　　　　　　　　　　　　　　　　　　　　　表 7-2

算例编号	送风温度（℃）		热源场景编号
	第 1 组	第 2 组	
1	17	20	1
2	17	23	1
3	20	17	1

续表

算例编号	送风温度(℃)		热源场景编号
	第1组	第2组	
4	23	17	1
5	26	17	1
6	26	17	2
7	26	17	3
8	26	17	4

对于区域环境保障，从区域空气速度、区域空气温度、PMV、局部不舒适性4个方面进行评估：

(1) 区域空气速度和温度：对于每个人员，评价0.1m（脚踝高度）、0.6m（腰部高度）和1.1m（头部高度）处的空气速度和温度。

(2) PMV：评价每个人员对周围局部环境的热感受，例如，根据PMV的定义，−1表示"微凉"的人群热感受，而从通风营造热环境的状态角度，用于表示此时人员周围局部热环境为一个微凉环境，当人员根据其热喜好想要偏凉的环境时，此时的局部热环境状态恰好满足人的热需求。根据ASHRAE标准55-2013[2]，以0.6m高度的空气参数来计算每个人员的PMV。对每个区域中4个人员的PMV取平均值代表区域平均热环境状态。

(3) 吹风感指数（DR）和不满意百分比（PD）[3]：即使不同区域人员具有凉和暖的个性化需求，也不能使得区域内部出现局部特别不舒适的极端情况。根据局部温度、风速和湍流强度计算DR，根据ISO 7730的建议，湍流强度取40%。根据头脚的垂直温差计算PD。

工况1中的空气速度和温度分布如图7-4所示。区域1~4内的空气速度随着高度的增加而增加［图7-4 (a)~(c)］。各区域高度为0.1m和0.6m的温度高于1.1m［图7-4 (d)~(f)］。由于送风组1和2的送风温度不同，导致各子区域内空气速度和温度存在差异。例如，在1.1m的高度处，区域1的温度低于区域2的温度［图7-4 (f)］，表明两个区域之间的局部热环境不同。

算例1~4的空气速度分布见图7-5。沿着人体不同高度的空气速度不均匀性主要出现在第一排位置1、3、6和8，这些位置的头部靠近送风射流。其他大多数位置的空气速度不均匀性较小，在头部未出现特别高的速度。由于不同算例的送风温度不同，且同一算例中两个送风组的送风温度也不同，浮升力对两组送风射流轨迹的影响存在差异，各算例的空气速度分布存在一定差异。

算例1~4的温度分布见图7-6。当送风组1的送风温度比送风组2低3℃时（算例1），区域1的平均温度可维持在低于区域2的状态［图7-6 (a)］，表明送风组1可对区域1进行有效控制。随着两组送风口的送风温度差异增加到6℃（算例2），两区域的温差也随之增加［图7-6 (b)］。当两组送风口的送风温度反向调节时，区域2的温度将低于区域1［图7-6 (c) 和 (d)］，这表明在区域1和区域2之间可以通过对应送风组的送风温度调节灵活的实现各区域个性化的温度控制。尽管区域3和4远离送风组1和2，但仍然在一定程度上受到送风温度变化的影响。当区域1的平均温度低于区域2时，区域3的平均温度也同步保持在略低于区域4的水平，反之亦然。由于共享了同一个送风组的作用，导致区域1和3或者区域2和4各自彼此之间存在一定的相关性。

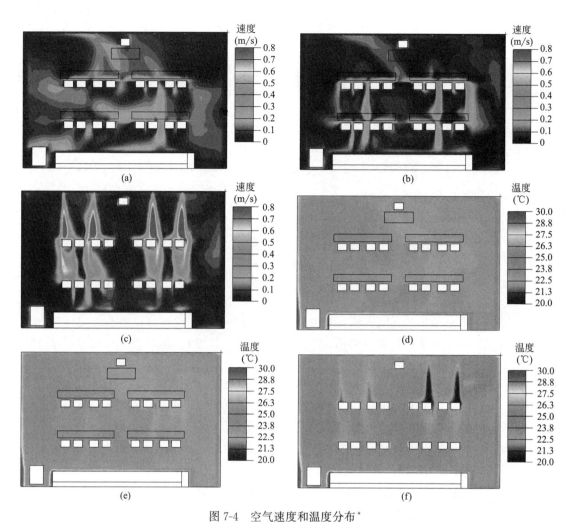

图 7-4　空气速度和温度分布*

（a）$Y=0.1$m 处的空气速度；（b）$Y=0.6$m 处的空气速度；（c）$Y=1.1$m 处的空气速度；
（d）$Y=0.1$m 处的温度；（e）$Y=0.6$m 处的温度；（f）$Y=1.1$m 处的温度

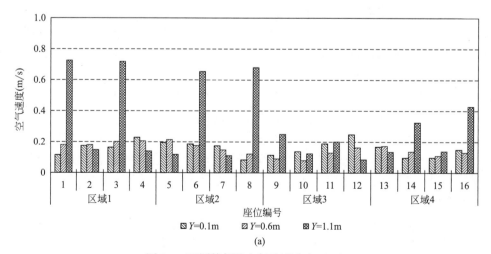

图 7-5　不同算例的空气速度分布（一）

（a）算例 1

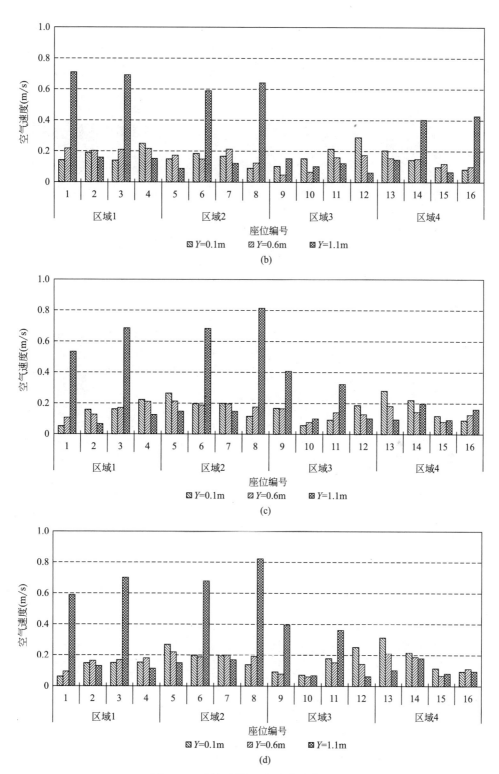

图 7-5　不同算例的空气速度分布（二）

（b）算例2；（c）算例3；（d）算例4

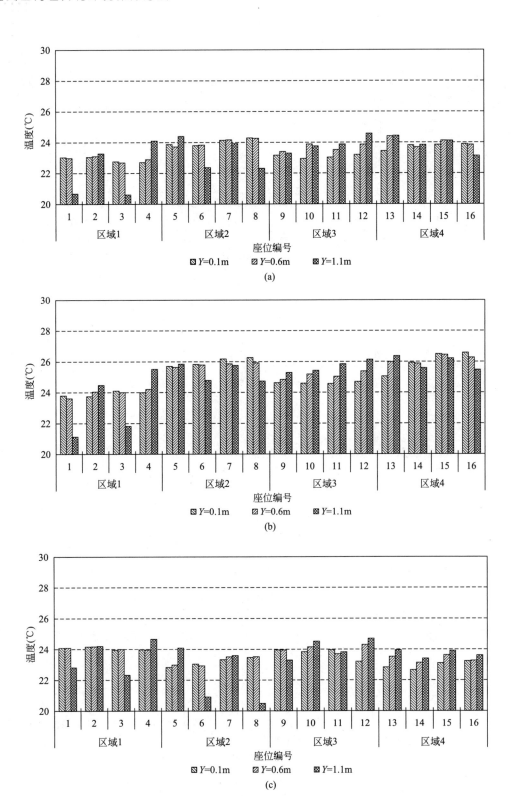

图 7-6 不同算例的温度分布（一）

（a）算例 1；（b）算例 2；（c）算例 3

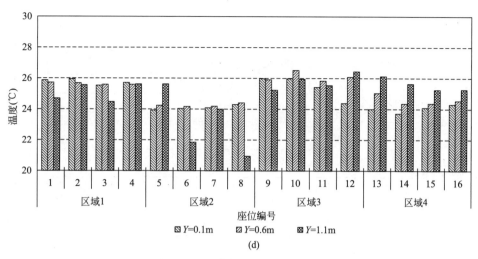

图 7-6 不同算例的温度分布（二）

(d) 算例 4

　　根据各位置空气速度和温度计算 PMV 分布，结果见图 7-7。当送风组 1 的送风温度比送风组 2 低 3℃时［图 7-7（a）］，在区域 1 获得了微凉的热环境（分区平均 PMV 为 −0.64），而在区域 2 维持了接近中性的热环境（分区平均 PMV 为 −0.13）。当送风组 2 的送风温度比送风组 1 低 3℃时［图 7-7（c）］，相应的在区域 2 获得了微凉的热环境（分区平均 PMV 为 −0.54），而在区域 1 维持了接近中性的热环境（分区平均 PMV 为 −0.05）。这表明，通过独立调节不同送风组的送风温度，可以在目标区域（区域 1 或 2）营造所需的微凉环境，而不会显著改变附近其他目标区域的热环境状态。当两个送风组的送风温度的差调节至 6℃时，也可在区域 1［图 7-7（d）］或区域 2［图 7-7（b）］营造所需的微暖的热环境，同时附近其他区域热环境状态变化较小。温度结果已经表明，区域 1 和 3（或区域 2 和 4）的空气参数之间存在一定的相关性，因此，远离送风的区域 3（或 4）的热环境状况受到区域 1（或 2）热环境营造的影响。在算例 1～4 中，大多数位置的 PMV 在

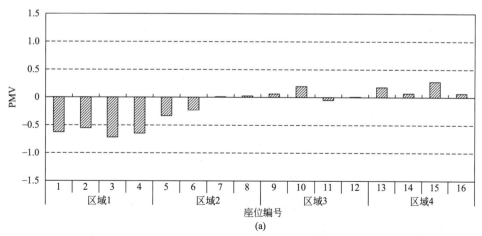

图 7-7 不同算例的 PMV（一）

（a）算例 1

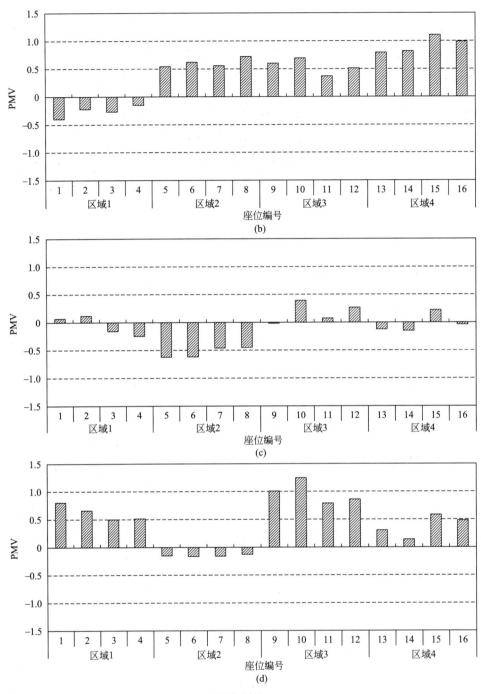

图 7-7　不同算例的 PMV（二）

(b) 算例 2；(c) 算例 3；(d) 算例 4

（-0.7，+0.7）的范围内，满足 ISO 7730 热环境标准[3] 的 C 类。这表明，在满足总体热舒适水平的条件下，避免局部过冷或过热而显著不舒适的情况下，通过层式通风的分区送风温度调节，可进一步维持微凉或微暖的个性化差异区域环境，以满足不同个体的喜好。

　　根据 ISO 7730，舒适的热环境应满足总体热舒适和局部热舒适的要求。就所研究的层式通风而言，较高的局部风速、较低的温度以及头脚温差是局部热不舒适的主要因素。因此，针对算例1~4，计算了DR和与垂直温差相关的PD，见表7-3和表7-4。较高的局部风速出现在靠近送风射流的位置，因此主要评估头部高度的DR。

算例1~4中头部高度的DR（单位:%）   表7-3

算例编号	人员编号															
	1	2	3	4	5	6	7	8	9	10	11	12	13	14	15	16
1	**34**	8	**34**	7	6	28	13	6	28	6	10	4	7	15	7	19
2	**32**	8	30	7	3	20	7	4	22	4	5	2	6	14	2	15
3	23	2	29	6	7	**32**	18	5	**37**	5	14	5	5	10	4	8
4	20	6	24	5	6	30	15	2	**36**	2	13	2	4	7	3	4

注：下划线标记数据重点表示DR超过30%的情况。

算例1~4中垂直温差引起的PD（单位:%）   表7-4

算例编号	人员编号															
	1	2	3	4	5	6	7	8	9	10	11	12	13	14	15	16
1	0	0	0	1	1	0	0	0	0	1	1	1	1	1	0	0
2	0	1	0	1	0	0	0	0	1	1	1	1	0	0	0	0
3	0	0	0	1	1	0	0	0	0	1	0	1	1	1	1	0
4	0	0	0	0	1	0	0	0	0	0	2	2	2	1	1

对于每个算例，16个位置中均至少有12个位置的DR满足ISO 7730规定的热环境标准的B类，至少有14个位置的DR满足C类（表7-3）。超过75%（B类）或87.5%（C类）的人员未暴露于吹风感风险中，同时该系统可满足个别喜欢较强气流（超出C类）的人员。所有位置的PD都满足ISO 7730给出的热环境标准的A类，表明各位置垂直温差不会导致局部热不舒适。

各区域之间可实现的PMV的差异越大，表征差异化区域热环境的营造能力越强。两送风组在不同的送风温度差下（算例3~5）的区域间PMV差见图7-8。最大区域PMV差随着两组送风温度差的增大而增大，当送风温差从3℃增加到9℃时，最大区域PMV差从

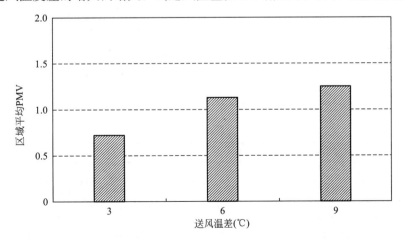

图7-8 不同送风温差下的最大区域PMV差异

0.72 增加到 1.25。因此，如果不同区域中的人的热感觉存在显著差异，可通过增加送风温度差来实现区域热环境的营造。

不同热源分布场景（算例 5~8）下的最大区域 PMV 差异见图 7-9。在相同的送风温度下，热源位置和强度的不同使得区域热环境的差异也有所不同。当热源强度从 1190W（算例 4）增加到 2666W（算例 1）时，PMV 差异趋于增加。在相同热源强度情况下，不同位置的热源（算例 2 和 3）在一定程度上也会导致 PMV 差异的改变。因此，在设计差异化区域环境时，应考虑热源场景改变引起的环境特征的变化。

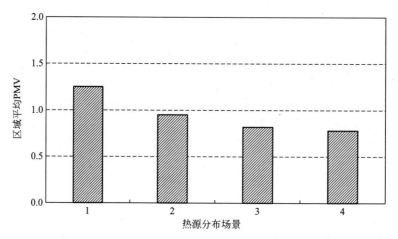

图 7-9　不同热源分布场景的最大区域 PMV 差异

7.3　送风速度调节的分区热环境差异

对调节不同送风组的送风速度实现分区差异化环境进行分析[4]。相关参数与第 7.2 节相同。共设置 4 种热源场景，如表 7-5 所示。人员占据场景设计见表 7-6。

热源场景设置　　　　　　　　　　　　　　　　表 7-5

场景编号	热源强度（W）			
	灯具	工作站	外墙	人员/个
1	0	300	0	70
2	0	0	300	70
3	1176	300	0	70
4	0	0	0	70

人员占据场景　　　　　　　　　　　　　　　　表 7-6

场景编号	占据区域
1	1、2
2	1、3
3	3、4
4	1、4
5	1、2、3、4

基于送风参数、热源场景、人员占据场景共设计 25 的算例，见表 7-7。算例 1 作为基准工况，算例 2、3 用于分析一组送风口的送风方向变化的结果，算例 4～13 用于分析两组送风口的送风反方向调节的结果。算例 14～22 用于分析送风速度改变的影响。算例 10、23～25 用于分析热源分布的影响。15°、0 和−15°分别表示水平向上、水平和水平向下的送风角度，如图 7-10 所示。

工况设置　　　　　　　　　　　　　表 7-7

算例编号	送风角度（°）		送风速度（m/s）		热源场景编号	占据场景编号
	第 1 组	第 2 组	第 1 组	第 2 组		
1	0	0	2.1	2.1	1	1
2	−15	0	2.1	2.1	1	1
3	0	−15	2.1	2.1	1	1
4	−15	15	2.1	2.1	1	1
5	15	−15	2.1	2.1	1	1
6	−15	15	2.1	2.1	1	2
7	15	−15	2.1	2.1	1	2
8	−15	15	2.1	2.1	1	3
9	15	−15	2.1	2.1	1	3
10	−15	15	2.1	2.1	1	4
11	15	−15	2.1	2.1	1	4
12	−15	15	2.1	2.1	1	5
13	15	−15	2.1	2.1	1	5
14	0	0	2.1	2.7	1	1
15	−15	15	2.1	2.4	1	1
16	−15	15	2.1	2.7	1	1
17	15	−15	2.1	2.4	1	1
18	15	−15	2.1	2.7	1	1
19	−15	15	2.1	2.4	1	3
20	−15	15	2.1	2.7	1	3
21	15	−15	2.1	2.4	1	3
22	15	−15	2.1	2.7	1	3
23	−15	15	2.1	2.1	2	4
24	−15	15	2.1	2.1	3	4
25	−15	15	2.1	2.1	4	4

仅调节一组送风口的送风方向（算例 1～3）的 PMV 结果见图 7-11。当送风组 1 和 2 的送风方向为水平时（算例 1），区域 1 和 2 之间的平均 PMV 的差仅为 0.15。区域内的热环境趋于均匀。当送风组 1 的送风角度变为−15°时（算例 2），在区域 1 中形成了微凉的

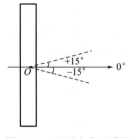

图 7-10　送风方向示意图

热环境，平均 PMV 为−1.11。如图 7-12 所示，送风组 1 的送风射流到达区域 1 的内部，使得气流流动比区域 2 更强，空气温度更低，两个因素均导致对区域 1 的冷却效果增强。然而，区域 2 的平均 PMV 变化较小，因为送风组 2 的水平射流直接经过第一排人员头部而到达后部区域，未能对区域 2 内部进行有效冷却。区域平均 PMV 的差从 0.15 增加到 0.69，差异化分区环境得以实现。同样的，当送风组 2 的送风角度变为−15°时（算例 3），在区域 2 中形成了微凉的热环境，区域 PMV 差达到 0.69。因此，调节送风方向对于营造区域热环境是有显著作用的。

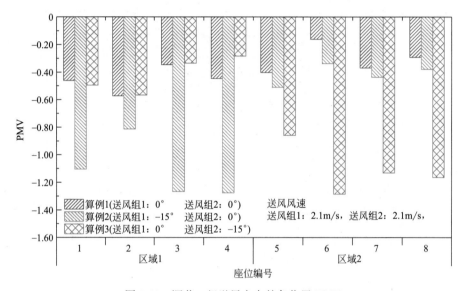

图 7-11　调节一组送风方向的各位置 PMV

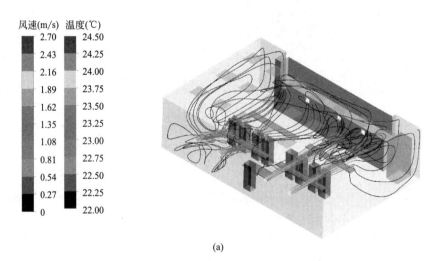

(a)

图 7-12　算例 2 的速度和温度分布（一）*

（a）气流流线

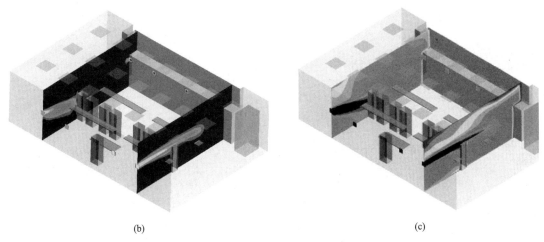

(b)　　　　　　　　　　　　　　(c)

图 7-12　算例 2 的速度和温度分布（二）*

(b) 速度分布；(c) 温度分布

　　两组送风口向相反方向调节的结果见图 7-13。当两个送风组以不同方向送风时，算例 4 和 5 的区域间 PMV 差值分别为 1.03 和 0.95 [图 7-13（a）]，大于仅一个送风组向下送风的情况。因此，尽管不同位置的空气参数在共享的空间中相互影响，但仍维持了分区间差异显著的区域热环境。然而，当人员位于区域 3 和 4 时 [图 7-13（c），算例 8 和 9]，送风射流在到达目标区域之前已大幅衰减，因此，送风气流对目标区域的速度和温度的影响显著降低。无论向上或向下调节送风方向，区域 3 和 4 之间的 PMV 差值都很低（仅为 0.4 和 0.33）。相反，当人员占据区域 1 和 3（算例 6 和 7）以及区域 1 和 4（算例 10 和 11）时，区域 1 的热环境可灵活调节，区域 1 和 3 之间以及区域 1 和 4 之间的 PMV 差值分别为 0.95 和 1.21 [图 7-14（b）和（d）]。如图 7-14 所示，当送风方向向上时（算例 10），低温空气被直接送到房间的上部空间，使得低温空气落到第二排的有人区域 4 较为困难。然而，当送风方向向下时，低温空气会落到第一排中的区域 1。因此，在算例 10 中，区域 1 和 4 的局部热环境可维持一个较大的差异水平。当送风组 1 的送风射流向上时（算例 11），区域之间的 PMV 仅存在微小差异，区域 1 和 3 之间以及区域 1 和 4 之间的 PMV 差值分别为 0.11 和 0.16。如图 7-14（b）和（c）所示，当送风方向向上时，进入上部空间的低温空气被限制在区域 1 左侧的区域中，然而，即使送风组 2 的送风方向向下，送风射流也已在区域 4 前面的区域中完全衰减，而区域 4 的空气未被有效冷却。因此，区域 1 和 4 之间的 PMV 差异较小。当所有位置均有人时 [图 7-13（e）]，算例 12 中区域 1～4 的平均 PMV 分别为 −0.77、0.31、0.32 和 0.69，区域间 PMV 差异最大为 1.46，而算例 13 为 1.28。此时，同时营造出 3 种局部热环境：微凉、近中性和微暖。

　　送风组以不同的送风速度送风时，各区域热环境结果见图 7-15。在水平送风情况下 [图 7-15（a）]，随着送风组 2 的送风速度从 2.1m/s 增加到 2.7m/s（算例 1 和 14），区域 1 和 2 之间的 PMV 差值从 0.15 略微增加到 0.18。由于沿水平方向的送风经过第一排人员到达后部区域，未进入区域 1 和 2，区域热环境差异的提升很小。当送风组 2 向上送风时，送风射流不能直接影响区域 2 的局部热环境，导致随送风组 2 的送风速度从 2.1m/s 增加到 2.7m/s 时，区域 1 和 2（算例 4、15 和 16）以及区域 3 和 4（算例 8、19 和 20）之间的 PMV 差值受影响最小 [图 7-15（b）和（d）]。当送风组 2 向下送风时，区域 2 的空气

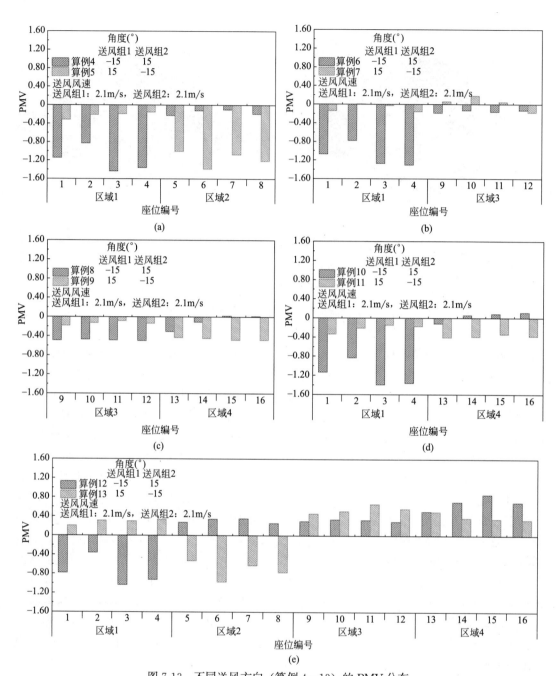

图 7-13　不同送风方向（算例 4～13）的 PMV 分布

（a）算例 4 和 5；（b）算例 6 和 7；（c）算例 8 和 9；（d）算例 10 和 11；（e）算例 12 和 13

参数对气流较为敏感，送风速度增加强化了该区域的空气运动，如图 7-16 所示。随着送风组 2 的送风速度增加，区域 1 和 2（算例 5、17 和 18）之间的 PMV 差值进一步从 0.95 增加到 1.13 [图 7-15（c）]。此外，由于区域 3 和 4 距离送风口较远，无论送风方向如何，在送风速度为 2.1m/s 时，区域间 PMV 差异仍然较小。然而，当送风组 2 向下送风时，随着送风速度增加，送风动量增加，送风射流向前延伸到远处的区域 4。区域 3 和 4 之间的 PMV 差值（算例 9、21 和 22）从 0.33 增加到 0.69 [图 7-15（e）]。因此，送风方向对

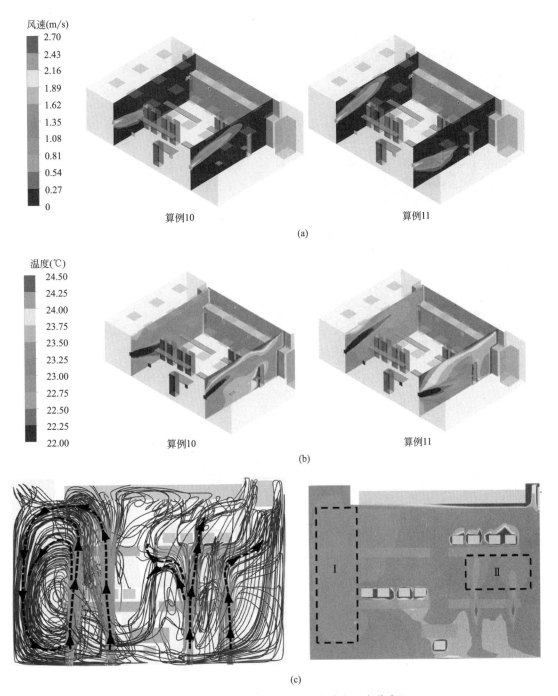

图 7-14　算例 10 和 11 的速度、流线和温度分布*
(a) 速度分布；(b) 温度分布；(c) 算例 11 中 $Y=0.6\text{m}$ 处的流线和温度分布

维持不同区域的热环境至关重要。只有在送风方向合适的前提下，送风速度的变化才能有效调节区域热环境的差异。在现有混合通风方式中，射流在进入占据区域之前需要充分衰减，此时，如想在两个分区域之间营造热环境差异具有很大的挑战性。相反，合理引导送风射流在未充分衰减之前进入目标分区能够更好的营造分区热环境差异。

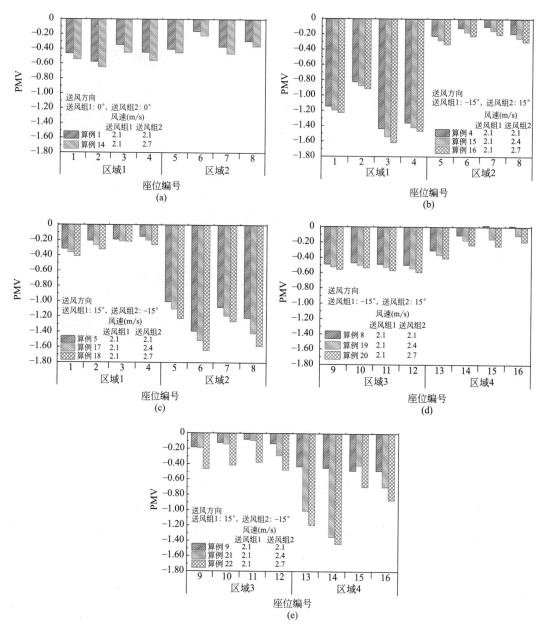

图 7-15　不同送风速度的 PMV 分布

(a) 算例 1 和 14；(b) 算例 4、15 和 16；(c) 算例 5、17 和 18；(d) 算例 8、19 和 20；(e) 算例 9、21 和 22

不同热源分布场景下的 PMV 分布见图 7-17。在算例 10 中，热量为 300W 的工作站靠近区域 4，热量的直接传递会增加该区域的 PMV。而在算例 23 中，工作站关闭，较少的热量传递到附近分区，导致区域 4 的 PMV 降低。同样，300W 的热量靠近区域 1 的外墙释放，更多的热量被传递到该区域，因此，区域 1 的 PMV 增加，区域 1 和 4 之间的 PMV 差从 1.21（算例 10）下降到 0.85（算例 23）。此外，热源位置的变化导致了分区之间局部热环境差异的变化。当灯的热量 1176W 加到顶棚上时（算例 24），总的热源强度（2106W）是算例 10 的 2.3 倍，因此，区域 PMV 增加，但区域间 PMV 差值与算例 10 相

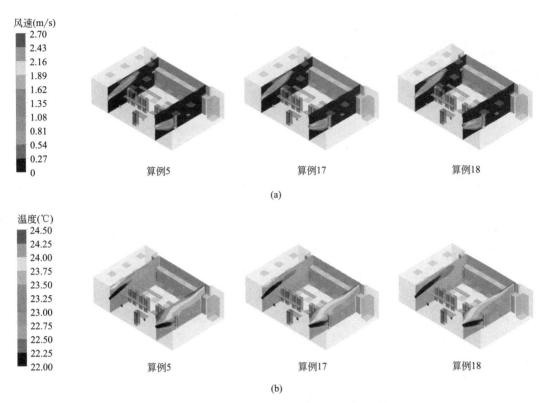

图 7-16 算例 5、17 和 18 的速度和温度分布 *

（a）速度分布；（b）温度分布

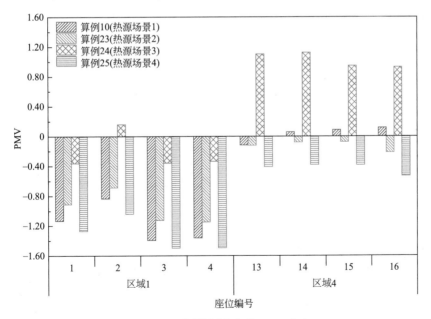

图 7-17 不同热源分布的 PMV 分布

似。当没有热量从灯、工作站和墙壁释放时（总热源强度为630W），区域PMV降低，区域间PMV差值与算例23（总热源强度为930W）相似。因此，热源强度的增加并未显著改变区域间PMV的差异。只有当具有较高强度的热源靠近有人的分区时，热源对局部热环境的影响才是显著的。根据实际的热源分布，可以准确评估对局部热环境的影响。

对局部热不舒适性进行分析，对于算例14、16、18、20和22，第2组送风组的送风速度为2.7m/s，在所有工况中DR更大，因此，主要评估这些算例的局部热不舒适水平，结果见图7-18。对于算例14，在8个人中有5个人头部的DR低于10%，符合ISO7730[3]的A类标准（DR<10%），其余3个位置的DR满足C类要求（DR<30%）。脚踝和腰部的DR更低。由于送风组1向下送风（算例16），头部的DR显著降低，所有位置均满足A类或B类要求（DR<20%）。区域1腰部的DR显著增加，但仍可满足B类要求。在脚踝高度有3个位置的DR增加，满足B类要求。当送风组2向下送风时（算例18），在区域2中腰部和脚踝处的DR增加。由于送风组2的送风速度大于送风组1，区域2中的DR总体大于算例16中的区域1，然而，大多数位置的DR至少满足B类要求。由于距离送风口较远，区域3和4的DR较低。对于算例20，只有一个位置头部的DR满足B类要求，而其他位置的DR满足A类要求。此外，所有位置腰部和脚踝水平的DR满足A类要求。对于算例22，每个位置在头部、腰部和脚踝水平的DR至少满足B类要求。总体而言，大多数位置的DR可以满足A类或B类要求。略高的送风速度和向下的送风不会导致强烈的吹风感。此外，所有位置的PD都达到了A级，垂直温差不会导致局部热不舒适。

通过上述分析，传统层式通风在不同分区之间保持了较为均匀的热环境，但通过调节不同送风口参数，可维持分区热环境的差异性。在差异性分区热环境目标下，应有目的地、有效地利用送风射流的动量。送风方向的调节对分区环境营造有利，研究中区域1和4之间保持了高达1.21的分区PMV差异。在合适的送风方向下，进一步提高送风速度，有利于加强对附近分区的冷却效果，从而产生更大的分区热环境差异。送风口与人员之间的相对距离对区域热环境的灵活调节有显著影响。当人员位于靠近送风口的第一排时，很容易通过调节送风参数改变人员所处分区的热环境；然而，当人员位于远离送风口的第二排时，送风参数的调节对人员分区的热环境影响不大。因此，为实现各分区的灵活调节，需要在各分区的适当位置布置一定数量的送风口。第7.2节分析了调节送风温度以维持差异化热环境的潜力。将两个送风组送风温差设为9℃，分区间PMV差异可达1.25。这与浮升力作用驱使一组送风射流向附近分区向下偏转而提升对该分区的控制能力密切相关。因此，在具有多个送风口的共享通风空间中，可以预先创建不同性质（微冷、近中性、微暖等）的局部热环境，为用户提供更多选择。通过调整不同送风口的送风参数，也可以及时追踪并满足不同分区人员的实时需求。

本章重点探讨通风空调系统维持分区差异热环境的潜力，而区域送风口的设计，以及送风方向、温度、速度等多参数的联合调节应进行系统研究，以实现面向差异化需求的通风气流组织设计和控制。为实现多区域控制，相对于现有系统而言，需要针对每个区域的送风组增加调节部件，以更好的满足多变的人员需求。空气幕或物理隔断是值得考虑的区域分隔措施，有望强化分区之间差异性保障。

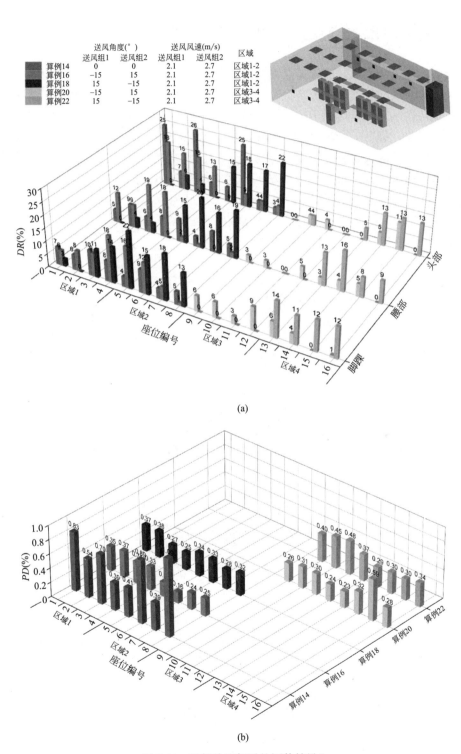

(a)

(b)

图 7-18　局部热不舒适的评估结果*

（a）人员脚踝、腰部和头部的 DR；（b）不同人员的 PD

7.4 就近送风位置对差异化热环境的影响

不同于传统整体环境营造时重点关注的送风气流、回风出流所构建的整体空气流动状态，以及由此导致的空气参数分布状态，当面向多子区域非均匀环境进行气流设计时，重点关注的是各送风气流对目标子区域的主导控制能力，以及回风出流对目标子区域空气的排出状态。因此，每个子区域附近均应具备一定数量的送风口和回风口，以形成不同送风口和回风口对附近区域的主控能力。层式通风的送风口布置在保障区域的侧面上方，本节进一步分析了送风口位于保障区域上方和下方时的各子区域保障性能。以一通风房间为例（如图 7-19 所示），重点分析两个送风口保障两个区域的情况，每个区域尺寸为 1m×1m×1.2m，热源强度为 800W，一面外墙，热流密度为 20W/m²。

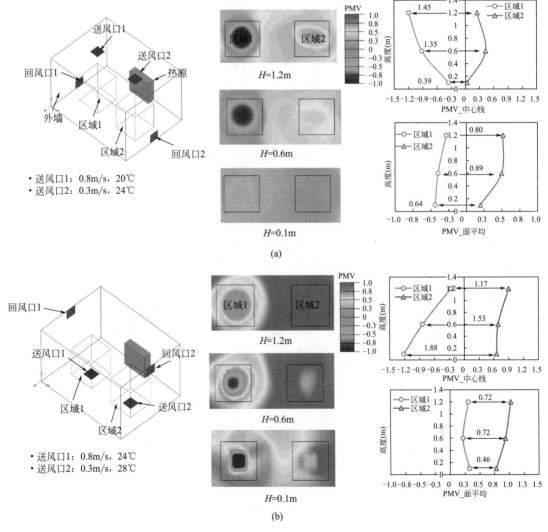

图 7-19　送、回风布置对差异化多区热环境的影响*

(a) 上送下回；(b) 下送上回

对于在区域上方送风的方式，当各区域对应送风口可独立调节送风参数时，虽然同一共享通风房间中不可避免的存在区域之间的空气掺混问题，但依然可以营造出较大的差异。区域 1 维持了偏凉的热环境，而同时在区域 2 维持了偏暖的热环境。不同高度（0.1～1.2m 范围内）的区域中心位置 PMV 差异处于 0.39～1.45 之间，区域平均 PMV 差异处于 0.64～0.89 之间。对于在区域下方送风的方式，由于送风口位于区域内部，容易直接控制各子区域，而营造出较大的区域热环境的差异。不同高度区域中心位置 PMV 差异处于 1.17～1.88 之间，区域平均 PMV 差异处于 0.46～0.72 之间。下送风形式的各风口送风温度相比于上送风形式均有显著提升，由此导致需要输送的冷量可大幅降低，此时仍能营造相比于上送风更大的中心位置 PMV 差异，表明了下送风的营造潜力更大。但与此同时，可以看到近距离送风会引起每个子区域内部，尤其是需营造微凉环境的子区域沿高度方向和水平方向的热参数的不均匀性，这是非均匀环境营造中需要重视的问题。提升送风的区域控制能力，且同时提升区域内热参数均匀性的送风末端开发、送回风布局以及送风参数优化决策均需要进一步研究。

7.5　本章小结

本章主要基于层式通风分析了就近区域送风形式下多个子区域的差异化热环境营造潜力，主要结论如下：

（1）通过独立调节两个送风组的送风温度或送风方向，可在不同子区域之间营造出存在差异的热环境，且在保障各子区域内部整体热舒适的同时，不会产生显著的局部热不舒适的情况。送风速度大小的调节需在送风方向合适的前提下体现作用，在向上或水平送风的基础上提高送风速度，不会显著影响区域热环境差异性。热源分布对差异化热环境状态会产生影响，在差异化热环境营造中不可忽视。

（2）相比于占据区域正上方的向下送风，区域内地板向上送风更容易直接控制占据区域热环境，节能潜力更大，但就近直接送风方式会引起区域内部水平和垂直方向的热参数分布不均匀性。

第 7 章参考文献

［1］ Shao X，Wang K，Li X，et al. Potential of stratum ventilation to satisfy differentiated comfort requirements in multi-occupied zones ［J］. Building and Environment，2018，143：329-338.

［2］ ASHRAE. ANSI/ASHRAE Standard 55-2013. Thermal environmental conditions for human occupancy ［S］. Atlanta，Georgia，USA，2013.

［3］ ISO. ISO 7730：Ergonomics of the thermal environment-analytical determination and interpretation of thermal comfort using calculation of the PMV and PPD indices and local thermal comfort criteria ［S］. International Standards Organization，Geneva，2005.

［4］ Liu Y，Liu Y，Shao X，et al. Demand-oriented differentiated multi-zone thermal environment：Regulating air supply direction and velocity under stratum ventilation ［J］. Building and Environment，2022，219：109242.

第 **8** 章
空气幕营造差异化环境

8.1 概述

空气幕作为气流屏障措施，常用于保障建筑空间内部空气免受外部侵扰，而将空气幕在房间内部安装以实现区域分隔研究较少。目前有部分研究针对会议室、医院诊室的办公桌安装空气幕抑制人员间交叉感染，但作为有效的气流隔离措施，使空气幕与现有气流组织有机组合，有目的地进行差异化区域非均匀环境营造的工作开展较少。本章对通风房间中循环空气幕的区域差异维持性能进行分析，研究结果可为空气幕参与多区域非均匀环境营造提供参考。

8.2 自循环全长空气幕的屏障作用

当污染物在房间内释放时，利用空气幕的屏障作用，有可能将污染物限制在污染源附近区域，而其余空间得到保护。当在现有通风房间中增设新风空气幕时，新风会增加额外的空调负荷；如果采用自循环空气幕，从室内吸取空气，是否可有效降低保护区污染物浓度有待分析。空气幕是长宽比较大的通风装置，其长度往往要足够长，以覆盖要隔断的两个区域交界线。本节研究空气幕安装在通风房间内部时，其长度为整个房间宽度，以将房间分隔为左右两个区域的实施效果[1]。

建立典型的通风办公室模型，如图 8-1 所示。房间的尺寸为 5m（长）×4m（宽）×3m（高）。顶棚有两个送风口，每个风口尺寸为 0.2m×0.2m，送风速度为 1.2m/s，换气次数为 5.76h^{-1}。两侧墙壁底部有两个排风口，与送风口大小相同。坐立的人（高 1.3m）和计算机的热量分别为 75W 和 130W。墙体绝热。在顶棚中间安装占据房间整个宽度的空气幕，将房间分为两个子区域：保护区和源区。参考代表性空气幕产品，空气幕主体的尺寸设置为 4m（长）×0.2m（宽）×0.2m（厚）。空气幕从房间吸取空气，然后将空气再次送至房间。空气幕气流从宽度为 0.06m 的出口射出，空气幕吸风口尺寸为 4m×0.2m。循环空气幕本身无净化功能。作为常用的示踪气体，选用 CO_2 作为代表污染物。污染源设置为可穿透体积源，尺寸为 0.1m×0.1m×0.4m，释放速率为 0.2g/s。考虑到空气幕射流的阻隔作用在下部区域容易衰减，且在空气幕附近释放的污染物容易以较短的路径到达空气幕下，因此，将污染源设置在 0.5m 的较低高度水平，以及位于空气幕与送风口 2

之间（距空气幕 0.7m），以揭示在不利条件下空气幕的分隔效果。由于 CO_2 仅用作有害物质的代表，而不是通过人体呼吸产生的污染物的代表，因此不设置人体释放 CO_2，并且送风中 CO_2 浓度设置为 0。

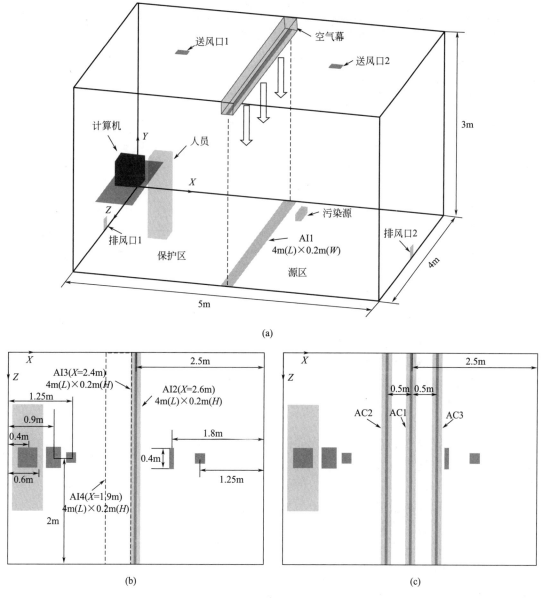

(a)

(b)　　　　　　　　　　　　　　　(c)

图 8-1　通风房间几何模型*

（a）房间布局；（b）物体位置；（c）空气幕位置

设置了 10 个算例，见表 8-1。算例 1 是没有空气幕的参考工况。考虑到不同的空气幕出风动量对污染物的隔离效应的影响，设置出风速度在 0.5～4m/s 之间的算例 2～5。通过算例 3、6～8 分析了空气幕吸风位置的影响，分别为 AI1（在空气幕正下方的地板上）、AI2（在源区的空气幕侧面，$X=2.6m$）、AI3（在保护区的空气幕侧面，$X=2.4m$）和 AI4（在保护区的空气幕侧面，$X=1.9m$），如图 8-1（b）所示。空气幕的保护效果可能因保护区的面积而异，通过算例 3、9 和 10 [图 8-1（c）]分析了小型、中型和大型保护区的结果，即 AC1（位置中心，$X=2.5$m）、AC2（位于保护区内，距中心 0.5m，$X=2$m）和 AC3（位于源区内，距中心 0.5m，$X=3$m）。

算例参数设置 表 8-1

算例编号	空气幕出风速度(m/s)	空气幕吸风口位置	空气幕位置
1	—	—	—
2	0.5	AI1	AC1
3	1	AI1	AC1
4	2	AI1	AC1
5	4	AI1	AC1
6	1	AI2	AC1
7	1	AI3	AC1
8	1	AI4	AC1
9	1	AI1	AC2
10	1	AI1	AC3

8.2.1　空气幕出风速度的影响

空气幕不同出风速度下的初始流场（算例 1～5）如图 8-2 所示，由此产生的瞬态污染物分布如图 8-3 所示。

在没有空气幕的情况下，两送风射流垂直向下发展，直到到达地板 [图 8-2（a）]。由于缺乏空气动力学屏障，污染物在 10s 时开始直接入侵保护区（图 8-3）。到 240s 时，污染物已入侵保护区内的大部分区域。随着时间推移，污染物浓度显著增加。到 600s 时，保护区已被严重污染。

空气幕的作用改变了流场和污染物的传播路径。当空气幕以 0.5m/s 的出风速度运行时，两个送风口的送风射流略微向空气幕偏转 [图 8-2（b）]，此时，空气动力学屏障并未完全建立，源头释放的污染物可直接入侵保护区。空气幕从地面吸取污染物，并通过空气幕出风口将污染物输送至室内，循环空气幕起到了传播污染物的作用，因此，污染物散布到保护区内更多位置。随着时间推移，更多的污染物进入保护区。空气幕在抑制污染方面作用不显著。当出风速度增加到 1m/s 时，增强的气幕射流吸引送风口的送风射流弯曲，改变了污染源周围的局部流场特征 [图 8-2（c）]。污染物倾向于向源区的排风口运动，从而减缓了污染物向保护区的扩散。在 240s 前保护区内的污染物浓度水平较低，随后，地上的污染物被吸取，并通过空气幕射流传输到保护区。在 480s 和 600s 时，污染物的浓度明显低于没有空气幕和速度为 0.5m/s 的空气幕时的污染物浓度，此时，空气幕有效保护了保护区内的空气环境。

当空气幕风速增加到 2m/s 和 4m/s 时，空气幕射流对周围送风射流的诱导作用进一步加强。送风射流的长度进一步缩短 [图 8-2（d）和（e）]，由此导致空间总体空气速度增加，保护区和源区内各自的涡旋均增强。在 120s 之前，保护区内的污染物浓度较低，而 240s 后，浓度开始显著增加，但仍然低于没有空气幕的情况。

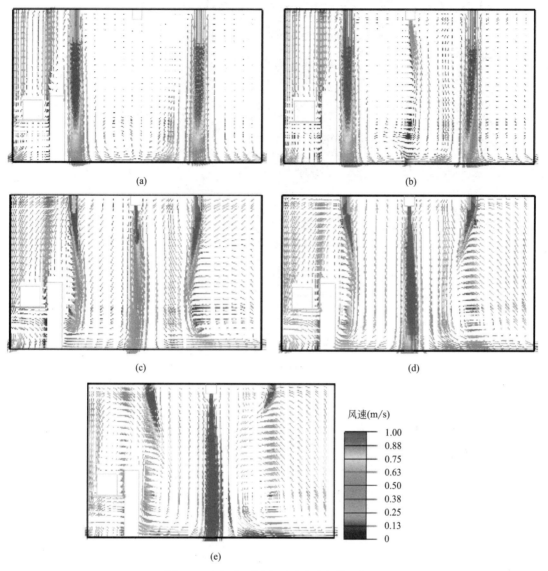

图 8-2　空气幕不同出风速度的初始流场*
(a) 0m/s；(b) 0.5m/s；(c) 1m/s；(d) 2m/s；(e) 4m/s

保护区的污染物平均浓度以及排风口 1 和 2 处的污染物浓度见图 8-4。空气幕进风速度为 0.5m/s 时，空气幕不能有效运行。保护区内污染物平均浓度 [图 8-4（a）] 在 240s、480s 和 600s 时分别仅降低了 16％、9％和 7％（与各时刻无空气幕时对比）。从每个排风口去除污染物情况来看，从保护区内的排风口 1 去除的污染物略有减少，而从源区的排风口 2 去除的污染物略有增加 [图 8-4（b）和（c）]，这导致无效的污染物隔离。在这 3 个时刻，1m/s 的空气幕风速实现了对保护区有效的保护，污染降低率分别为 83％、70％和 66％，此时，一些污染物被限制在源区，直接从源区的排风口排走，大大减少了侵入保护区的污染物量。空气幕风速为 2m/s 时，污染降低率分别为 65％、52％和 48％，而空气幕风速为 4m/s 的污染降低率分别为 41％、32％和 30％。在这两种情况下，空气幕也起到了

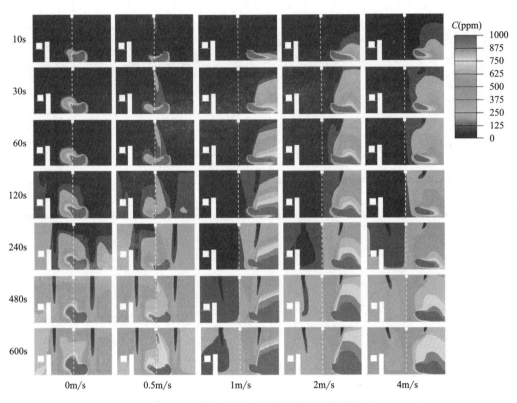

图 8-3 空气幕不同出风速度的瞬态污染物分布*

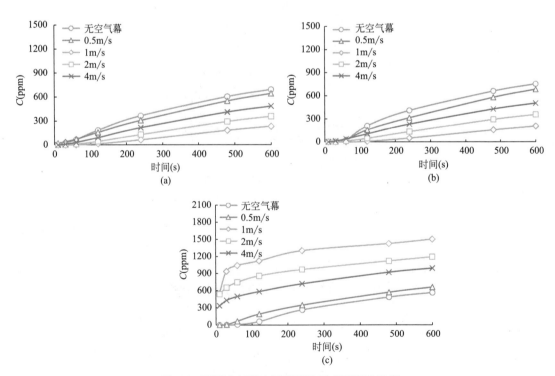

图 8-4 不同空气幕出风速度的瞬态污染物浓度

（a）保护区平均污染物浓度；（b）排风口 1 污染物浓度；（c）排风口 2 污染物浓度

有效的空气动力学屏障作用，更多的污染物直接通过源区的出口离开房间。因此，除了
0.5m/s的风幕速度外，空气幕显著提高了对保护区的保护能力。

上述结果表明，空气幕对抑制污染的效果与其风速不成正比，较低风速的空气幕不足
以建立有效的空气动力学屏障，而过高的风速导致流场特性的显著变化，降低了空气幕的
隔离作用。1m/s的中等风速表现出更好的保护性能，该数值接近房间送风口的送风速度
（1.2m/s）。过高的空气幕风速反而削弱了其保护效果，并可能造成强烈的吹风感，且显
著增加了空气幕的能耗。

8.2.2 空气幕吸风口位置的影响

不同空气幕吸风口位置（算例6～8）的初始流场和污染物分布如图8-5和图8-6所
示。保护区平均浓度以及排风口1和2处的浓度见图8-7。各算例空气幕出风速度为
1m/s。

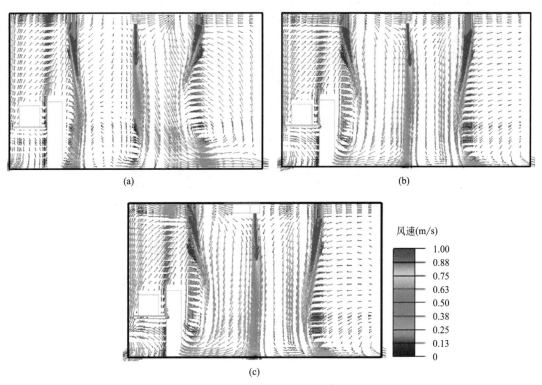

图 8-5　空气幕不同吸风口位置的初始流场*
(a) AI2；(b) AI3；(c) AI4

当空气从地面吸取时［图8-2（c）］，空气幕的上部送风和下部吸风的推拉效应有利于
建立空气动力学屏障。送风口1和2的送风射流的偏转程度相似。然而，当空气幕从其附
近区域吸风时，在较低高度处空气幕的隔离作用减弱。当从源区（距中心0.1m）的AI2
位置［图8-5（a）]吸取空气时，来自送风口2的射流更加偏向空气幕，并且源区的涡旋特
性加强。当从保护区的AI3位置（距离中心0.1m）吸取空气时特征类似［图8-5（b）]。
从距空气幕中心0.6m的AI4位置吸取空气时，流动特征没有显著变化［图8-5（c）]。

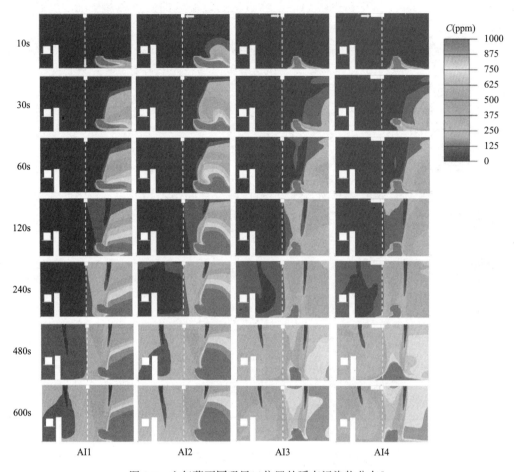

图 8-6　空气幕不同吸风口位置的瞬态污染物分布*

　　在初始阶段（120s 之前），污染物不会散布到靠近空气幕的吸风口区域（图 8-6 和图 8-7），空气幕不会通过空气再循环传播污染物。同时，空气幕垂直向下的气流可以有效防止污染物从源头直接侵入。因此，无论吸风位置如何，保护区均不受污染威胁，抑制效果优于无空气幕的情况。由于从排风口 2 中移除了更多的污染物，吸风位置 AI1 和 AI2 表现出比 AI3 和 AI4 更好的保护效果［图 8-7（c）］。在 120s 时，保护区内污染物平均浓度的降低比例分别达到 93％和 85％。一旦污染物扩散到空气幕附近，即被空气幕吸取并传输到保护区。在 240s 时，由于循环空气幕输送的污染物较少，保护区内的污染仍然较低。AI1 和 AI2 下的污染降低率分别为 83％和 72％，高于 AI3 和 AI4 的 56％和 57％［图 8-7（a）］。在 480s 和 600s 时，AI1 和 AI2 下的保护区污染物浓度保持较低，在 600s 时分别降低了 66％和 57％。然而，位置 AI3 和 AI4（保护区的上部空间）下，污染源周围的局部气流特征与其他吸风位置不同［图 8-5（b）和（c）］，从源释放的污染物倾向于随着附近的气流流向地面，并沿着地面向各个方向扩展。由于地面附近空气幕的阻隔作用减弱，高污染容易通过该区域扩散到保护区，引起保护区污染物浓度增加。但是，该情况下污染仍低于没有空气幕的情况，AI3 和 AI4 位置下的污染降低比例分别为 29％和 25％。

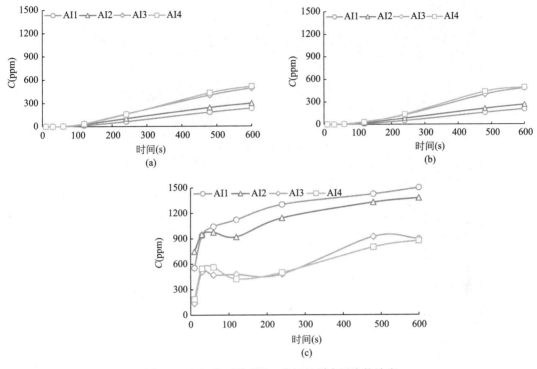

图 8-7 空气幕不同吸风口位置的瞬态污染物浓度

（a）保护区平均污染物浓度；（b）排风口 1 污染物浓度；（c）排风口 2 污染物浓度

8.2.3 空气幕位置的影响

沿房间长度方向（算例 9 和 10）的不同空气幕位置的初始流场和污染物分布如图 8-8 和图 8-9 所示。保护区的污染物平均浓度以及排风口 1 和 2 的污染物浓度见图 8-10。各算例的空气幕出风速度为 1m/s，空气幕从下方地面吸风。

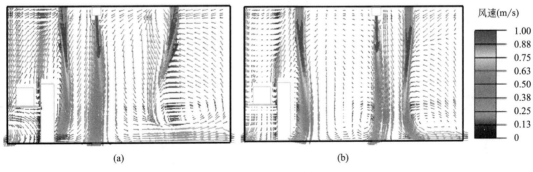

图 8-8 不同空气幕位置的初始流场*

（a）AC2；（b）AC3

空气幕位置的变化影响了送风口 1 和 2 的送风射流轨迹。当空气幕安装在顶棚中心（AC1）时，两送风射流的倾角和射流长度相似［图 8-2（c）］。当空气幕靠近送风口 1（AC2）时，空气幕射流与送风口 1 的射流之间的流场发生了一定程度的变化，但整体流

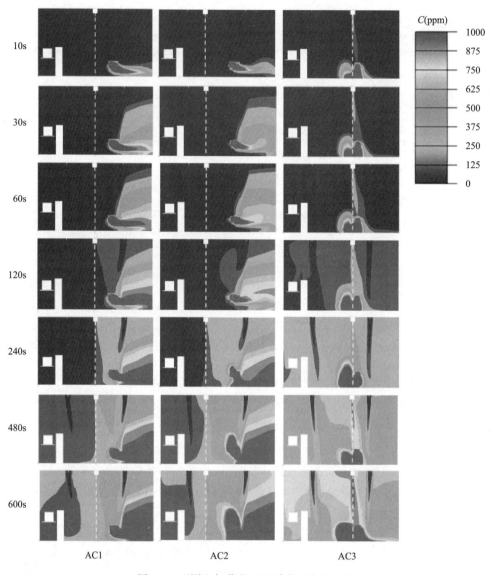

图 8-9　不同空气幕位置的瞬态污染物分布*

场特性没有显著变化［图 8-8（a）］。当空气幕靠近送风口 2（AC3）时，空气幕射流与送风口 2 的射流之间的空气被诱导垂直向下流动，送风口 2 的射流衰减减缓，射流长度增加［图 8-8（b）］。

　　在空气幕位置 AC2（$X=2$m）时，虽然保护区变小，但该区域空气质量并没有进一步改善（图 8-9）。AC1 和 AC2 位置下保护区污染物平均浓度分别降低了 66% 和 61%，较为相似（图 8-10）。当空气幕位于 AC3（$X=3$m）时，空气幕射流靠近污染源位置，此时空气幕送风会将更多的污染物输送到保护区，而同时来自源头的污染物也会直接扩散到保护区（图 8-9）。从排风口 2 中去除的污染物更少［图 8-10（c）］。240s 后，保护区环境开始明显恶化。在 240s、480s 和 600s 时，污染物平均浓度分别升高了 10%、10% 和 14%，甚至高于没有空气幕的情况。

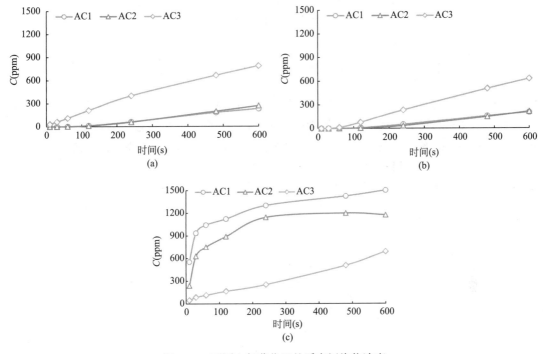

图 8-10 不同空气幕位置的瞬态污染物浓度
(a) 保护区平均污染物浓度；(b) 排风口 1 污染物浓度；(c) 排风口 2 污染物浓度

本研究分析了在现有通风房间内设置循环空气幕的动态隔离性能，在合理的空气幕出风速度下，与仅通风稀释的情况相比，可显著降低保护区内的污染物浓度。空气幕的独特之处在于可阻止污染物向保护区的直接横向扩散，很大程度防止了保护区内局部高污染的发生。循环空气幕可灵活在室内增设，不需要从室外引入新鲜空气，因此，没有必要设置额外的新风管道。此外，在夏季或冬季，空气幕循环室内空气而非引入新风不会导致额外的空调负荷。因此，相当于实现室内污染与热环境的解耦调节。在建筑门口安装空气幕时，由于需要抵抗一定的室内外压差，要求空气幕要有较高的初始送风动量，而在室内安装空气幕时，空气幕两侧保护区与源区的压差较小，本研究采用 1m/s 的低出风速度（空气幕宽度为 0.06m），即可防止污染物的直接入侵，这意味着空气幕的循环风量、成本和风机能耗均可远低于门口空气幕，这为空气幕的室内安装提供了有利条件。空气幕的出风速度可低至 1m/s，与室内常规的送风速度处于同一水平，远低于安装在门口的空气幕，由此产生的噪声水平不会太高。由于保护区和源区风速均未显著增加，吹风感风险也不会太高。

当空气幕安装在已有机械通风的室内时，空气幕与送风入口或排风出口相互靠近，容易改变机械通风原有的流场结构，从而影响污染物的传输和分布特性。与机械通风条件下典型气流组织的流场相比，采用空气幕在室内增加了气流屏障，空气幕加强了送风射流的偏转，增强了室内的涡旋。从污染传播角度，污染物很难直接穿透空气幕。当污染物迁移到空气幕附近时，易被空气幕吸取并输送到室内其他位置。源区的涡流增强，有利于将源区的污染物输送到附近的排风口，减少室内污染物的滞留。空气幕出风速度、吸风口位置、风幕位置对送风入口、排风出口、循环空气幕所构成的耦合流场结构有影响，而改变送排风参数也会影响该耦合流场的结构。因此,室内优化流场的构建将不再以单一的通风或单一的空气幕为主导,而是两种气流方式的协同匹配。

8.3　自循环不完全空气幕的屏障作用

当建筑空间较大时,安装全长空气幕会大幅增加设备成本,安装仅覆盖房间整体长度或宽度一部分的不完全空气幕更切合实际,但由于空气幕未完全覆盖区域间交界面,会形成空气自由穿越区域的通道,此时,需要分析保护区是否仍有可能较好地被保护[2]。

采用第 8.2 节的房间模型,安装不完全覆盖空气幕,见图 8-11,为适应空气幕的不完全覆盖特点,人员工位的位置有所变化。空气幕出风速度设置为 1m/s。

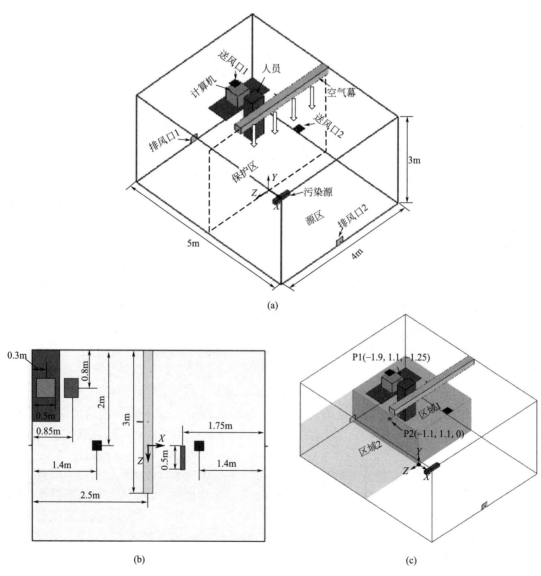

图 8-11　通风房间几何模型*

(a) 房间布局;(b) 物体位置;(c) 目标分区和位置

考虑空气幕长度（0～4m）、空气幕吸风位置［E1（$X=-0.5$m）、E2（$X=-0.1$m）、E3（$X=0.1$m）、E4（$X=0.5$m）］和污染源位置［S1（0.7、0.5、-2）、S2（0.7、0.5、-1）、S3（0.7、0.5、0）、S4（0.7、0.5、1）］的影响共设置21个算例，如表8-2所示。对于每个空气幕长度，空气幕出风口尺寸与吸风口相同。

算例参数设置　　　　　　　　　　　　　　　　表8-2

算例编号	空气幕长度(m)	空气幕吸风口位置	污染源位置
L4-E2-S3	4	E2	S3
L3.5-E2-S3	3.5	E2	S3
L3-E2-S3	3	E2	S3
L2.5-E2-S3	2.5	E2	S3
L2-E2-S3	2	E2	S3
L1.5-E2-S3	1.5	E2	S3
L1-E2-S3	1	E2	S3
L0.5-E2-S3	0.5	E2	S3
L0-E2-S3	0	E2	S3
L3-E1-S3	3	E1	S3
L3-E3-S3	3	E3	S3
L3-E4-S3	3	E4	S3
L2-E1-S3	2	E1	S3
L2-E3-S3	2	E3	S3
L2-E4-S3	2	E4	S3
L3-E2-S1	3	E2	S1
L3-E2-S2	3	E2	S2
L3-E2-S4	3	E2	S4
L2-E2-S1	2	E2	S1
L2-E2-S2	2	E2	S2
L2-E2-S4	2	E2	S4

8.3.1　空气幕长度的影响

不同空气幕长度下的流场如图8-12所示。在没有空气幕的情况下，两个送风射流在各自分区内充分发展。安装空气幕后，流场变化明显。长度为0.5m和1m的较短空气幕对源区气流特性影响不显著，但即使空气幕还未穿过中间断面，保护区也受到循环空气幕气流的影响，产生涡旋。随着空气幕长度从1.5m增加到2m，保护区内的涡旋增强，源区开始受到影响。对于长度为2.5m及以上的空气幕，在中间断面上形成了垂直向下的气流屏障，增强的循环气流诱导源区涡旋的形成。当沿区域分界面设置一个长度为4m的完整空气幕时，源区涡旋得到充分发展。整体而言，保护区受空气幕循环气流影响较大，这与空气幕从保护区域内吸取空气有关。随着空气幕长度的变化，污染源周边的局部气流方向发生了明显变化，这决定了污染物的迁移方向。

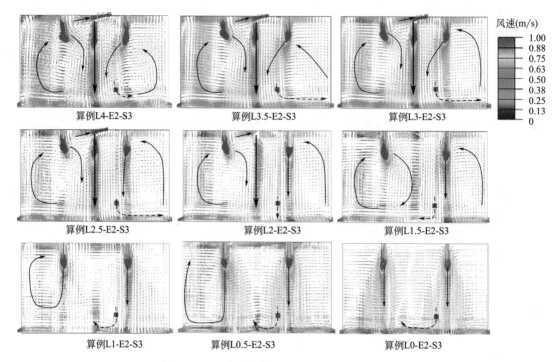

图 8-12　不同空气幕长度下的流场（$Z=0$m）*

　　图 8-13 为 0.5m（污染源高度）、1.1m（坐姿者呼吸高度）、1.5m（站立者呼吸高度）处的污染物分布。沿空气幕（$X=0$m）的污染物分布如图 8-14 所示。图 8-15 为不同位置、不同分区污染物浓度随空气幕长度的变化情况。

　　在没有空气幕的情况下，室内通风可以在一定程度上稀释污染物，但污染物的释放对保护区构成了显著威胁，大量污染物向保护区深处扩散（图 8-13 和图 8-14），保护区内的子区域 1 和 2 污染物平均浓度分别为 1197ppm 和 1459ppm［图 8-15（a）］。增设循环空气幕后，高污染的扩散方向发生改变。但是，即使安装 0.5m 或 1m 长的空气幕时，污染物也入侵了保护区内区域 2 的很大面积。短的空气幕不足以防止污染物直接侵入。与没有空气幕的情况相比，当安装空气幕长度为 0.5m 和 1m 时，区域 1 的污染物浓度分别小幅增加了 0.8% 和 4.1%，区域 2 分别增加了 2.0% 和 5.6%［图 8-15（a）］，表明在保护区内增加短的循环空气幕有增加污染的风险。在 0～1m 的空气幕长度中，两个排风口的污染物浓度差别较小，整个房间污染物平均浓度略有增加。

　　随着空气幕长度增加到 1.5m 和 2m，空气幕开始靠近污染源，高污染区域开始减小。当空气幕长度为 2m 时，区域 1 和 2 的污染物浓度分别降低到 1141ppm 和 1272ppm，降低率分别为 4.7% 和 12.8%。排风口 1（保护区内）的污染物浓度从 1235ppm 下降到 1124ppm，排风口 2（源区内）的污染物浓度从 1049ppm 上升到 1160ppm［图 8-15（b）］，更多的污染物从源区排走。整个房间的污染物浓度从 1270ppm 下降到 1197ppm。因此，房间中污染物去除量增加了，空气幕开始发挥作用。

　　当空气幕长度超过 2m 时，在污染源附近形成了垂直向下的单向气流（图 8-12），污染物难以直接穿透空气幕气流而进入保护区（图 8-14）。当空气幕长度为 2.5m 时，区域 1

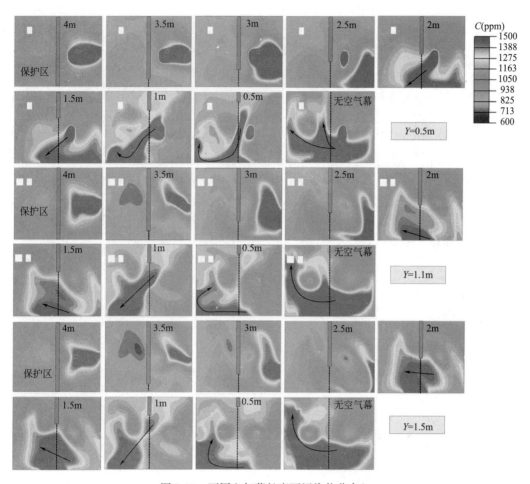

图 8-13 不同空气幕长度下污染物分布*

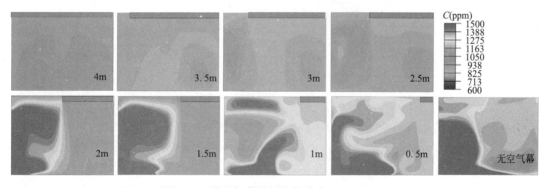

图 8-14 沿空气幕的污染物分布（X＝0m）*

和 2 的污染物浓度分别下降到 885ppm 和 926ppm，降低率分别为 26.1％和 36.5％。排风口 2 的污染物浓度增加了 32.7％，整个房间的污染物浓度下降了 25％。更多的污染物被限制在污染源区，并从附近的排风口移除，保护区和整个房间的污染风险显著降低。此时，虽然空气幕没有覆盖区域间的整个交界面，但只要能在污染源附近形成气流屏障，就

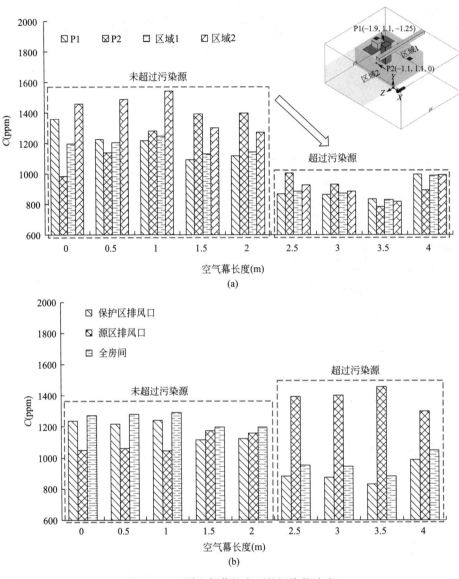

图 8-15　不同空气幕长度下的污染物浓度*
(a) 保护区；(b) 排风口和整个房间

能防止污染物直接入侵保护区。被保护的区域不仅包括被空气幕完全覆盖的区域 1，也包括保护区内未被空气幕覆盖的区域 2。

随着气幕长度从 2.5m 增加到 3.5m，保护区内污染物浓度进一步降低（图 8-13 和图 8-14），当空气幕长度为 3.5m 时，在区域 1 和 2 内分别实现了最大的污染物降低率，即 30.8％和 43.9％。这表明，在传统混合通风的基础上，增加不完整的循环空气幕也可以显著降低保护区的污染水平。所取得的污染遏制效果明显优于仅混合通风的情况。排风口 2 的污染物浓度增加了 38.6％，整个房间的污染物浓度降低了 30.6％。安装完整空气幕（长度为 4m）后，区域 1 和 2 的污染物浓度分别下降到 988ppm 和 990ppm，降低率分别为 17.4％和 32.1％。污染物的控制效果比空气幕长度为 2.5～3.5m 时的效果差，这是因为后者引起的气流分布可将污染物直接输送到排风口（图8-12），减少了污染物在室内的停留时间。然而，对于完整空气幕而言，增强的空气幕气流在源区诱导出了较强的涡旋，释放的污染物更倾向于被卷进涡旋中，而非从排风口排出（图8-12）。当空气幕长为2.5m、3m和3.5m时，排风口2的污染物浓度分别为1392ppm、1399ppm和1454ppm，而对于4m的空气幕而言，污染物浓度为1301ppm，表明前者污染物从源区排除的量更大。

进一步考察局部位置，即使人员呼吸位置P1距离污染源较远，在没有空气幕的混合通风条件下，仍严重暴露在污染物浓度为1358ppm的高污染环境中。随着空气幕长度的增加，P1处的污染物浓度不断降低。对于长度为1m的短空气幕，污染物浓度降低了10.3%；当空气幕长度为3.5m时，降低率为38.8%。在没有空气幕的情况下，送风口1下方的P2位置受到射流保护；而受到空气幕气流的诱导后，送风射流（送风口1）向空气幕偏转，导致P2没有被射流覆盖。因此，当空气幕长度为0.5～2m时，P2处的污染物浓度增加。空气幕长度超过2m后，有效阻止了高污染，污染物浓度相应降低。

8.3.2　空气幕吸风口位置的影响

空气幕中不同吸风口位置的流场如图8-16所示。

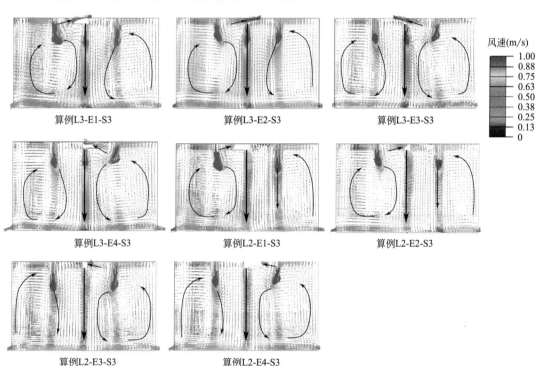

图8-16　空气幕不同吸风口位置的流场（$Z=0\text{m}$）*

当空气幕长度为3m时，空气幕两侧形成涡旋。当空气幕从保护区内吸取空气时，保护区内的涡旋强于源区。同样，当空气幕从源区吸取空气时，源区诱导的涡旋更强。当空气幕从同一分区吸取空气时，不同吸气位置对流场特性的影响不显著。当空气幕长度为2m时，气流特性类似，但受长度限制，形成的涡旋较3m时弱。

不同吸风口位置的污染物分布如图8-17所示，沿空气幕（$X=0\text{m}$）的速度和污染物分布如图 8-18 所示，不同位置和分区污染物浓度随吸风口位置的变化如图 8-19 所示。

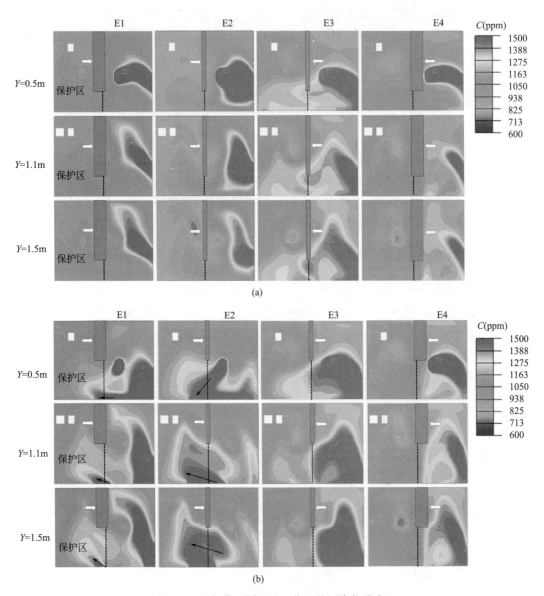

图 8-17　空气幕不同吸风口位置的污染物分布*
(a) 空气幕长度 3m；(b) 空气幕长度 2m

　　当空气幕长度为 3m 时，进风口位置的变化导致了污染物扩散的显著差异。当空气从保护区吸风时，保护区得到了更好保护［图 8-17（a）和 8-18（a）］。从源区 E3 区（距离中心 0.1m）吸取空气时，浓度较高的污染物从空气幕与墙壁之间的间隙的上方入侵防护区，如图 8-18（a）所示。吸风口位置 E2（从保护区侧）下的区域 1 和 2 的污染物平均浓度相比于吸风口位置 E3（从源区侧）别降低 18.9% 和 26.1%［图 8-19（a）］。虽然流场相似，但在保护区侧的两个吸风口位置 E1 和 E2 下的污染物浓度有明显的差异。当吸风口位置靠近空气幕（E2）时，污染物浓度维持在相对低的水平。

　　相对于空气幕长度为 3m 的情况，当吸风口位于保护区（E1、E2）时，长度为 2m 的

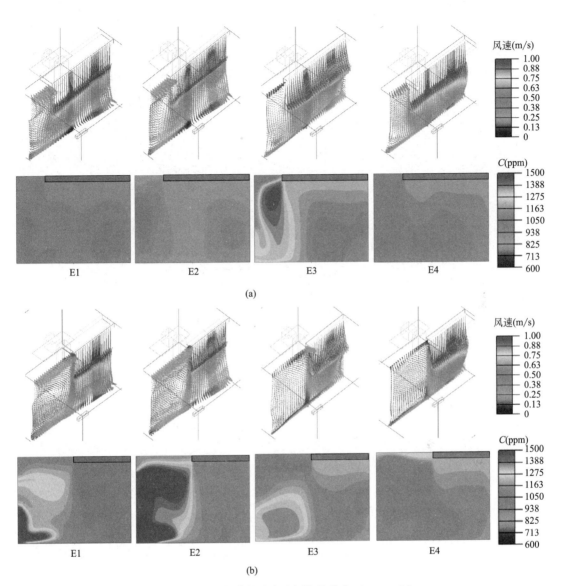

图 8-18　沿空气幕的速度和污染物分布（$X=0\text{m}$）*

(a) 空气幕长度 3m；(b) 空气幕长度 2m

空气幕下部分高污染空气入侵保护区 [图 8-17（b）、图 8-18（b）]。如图 8-18（b）所示，在吸风口位置 E1、E2 下，空气幕与墙壁间隙的下部空间空气被诱导流向保护区，导致高污染空气被输送到保护区。但在源区内的吸风口位置 E3 和 E4 下，空气被诱导通过气幕间隙流向源区，高污染空气被抑制。因此，保护区污染物浓度降低。相比于吸风口位置 E2，吸风口位置 E4 下区域 1 和 2 的污染物平均浓度分别降低了 8.1% 和 19.2% [图 8-19（b）]。

　　结果表明，吸风口的位置对流场特性有显著的影响，在空气幕不完全覆盖的情况下，吸风口应安装在保护区还是源区，不能一概而论，取决于房间整体流场特征。当空气幕足够长，以使污染源与保护区形成隔离效果时，应从保护区吸取空气；然而，当空气幕尺寸有限，不足以隔离污染时，从源区吸取空气更为合适，以强化诱导气流对源区内高污染空

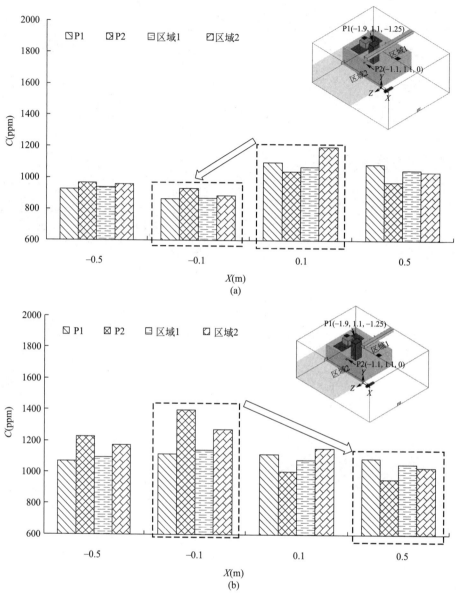

图 8-19　空气幕不同吸风口位置的污染物浓度*

（a）空气幕长度 3m；（b）空气幕长度 2m

气的限制。

8.3.3　污染源位置的影响

不同污染源位置下的流场基本相同，如图 8-12 所示，产生的污染物分布如图 8-20 所示，沿空气幕（$X=0$m）的风速和污染物分布如图 8-21 所示。图 8-22 为不同位置、不同分区污染物浓度随污染源位置的变化。

当空气幕长度为 3m 时，源位置 S1 和 S2 下保护区内的污染物浓度差异不大 [图 8-21（a）和图 8-22（a）]。保护区内污染物总体分布较为均匀，污染源区内污染物分布不同。

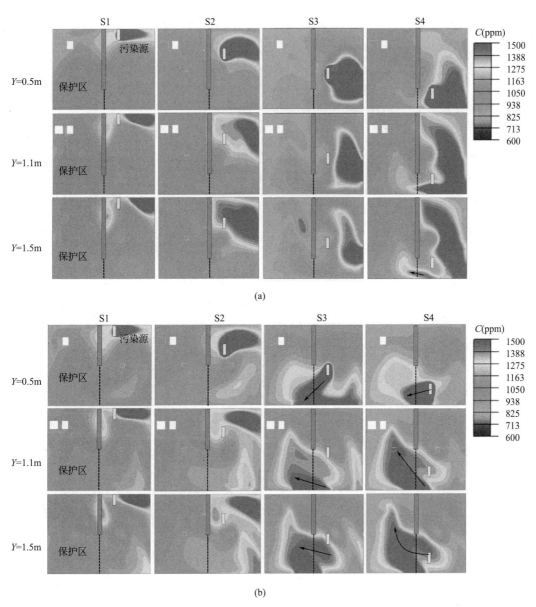

图 8-20　不同污染源位置的污染物分布*
（a）空气幕长度 3m；（b）空气幕长度 2m

源位置 S1 下高污染集中在较小的区域，位于距送风口和排风口一定距离处。源位置 S3 下实现了对污染物的最大抑制效果，这是因为污染源位于一个有效的气流路径，有利于将污染物快速从排风口排出（图 8-12），虽然源位置 S4 超过了空气幕长度，但只有少量的污染物通过空气幕间隙直接入侵保护区。

当空气幕长度为 2m 时，处于空气幕长度范围之内的污染源位置 S1 和 S2 下，保护区内的污染物分布相似 ［图 8-20（b）和图 8-21（b）］。当污染源超过空气幕长度时，高污染空气通过空气幕间隙入侵保护区，保护区内污染源附近区域受污染较大。

研究表明，即使在室内安装没有完全覆盖的不完全空气幕，只要空气幕的长度不是很

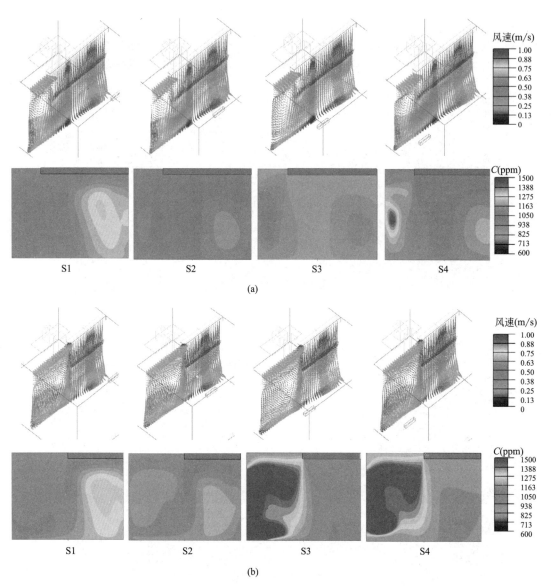

图 8-21　沿空气幕的速度和污染物分布（$X=0$m）[*]

（a）空气幕长度 3m；（b）空气幕长度 2m

短，保护区内污染物浓度也可以比没有空气幕的情况下降低。当空气幕从室内循环空气而不是从室外引入新鲜空气时，污染也可以得到控制。在污染物释放的初始阶段，预计保护区内的瞬态浓度要更低。完整空气幕的性能不一定比不完整空气幕好。本研究中，长度为 3.5m 的空气幕在一些情况下具有更好地去除污染物的特性。分区保护的首要任务是防止高污染空气的入侵，从结果看，只要安装空气幕，污染物就不能穿过空气幕气流直接进入保护区。保护区内被空气幕覆盖的局部区域（区域 1）始终可以被保护。部分长度的空气幕最好安装在目标保护分区附近，空气幕的长度应稍长一些，以覆盖更大的污染物释放范围。对于保护区内超出空气幕长度的局部区域（区域 2），当污染源位置未超过空气幕长度时，高污染空气不会通过空气幕与对面墙体之间的间隙入侵该局部区域，而当污染源位置超过空气幕长度时，高污染空气会入侵该局部区域。

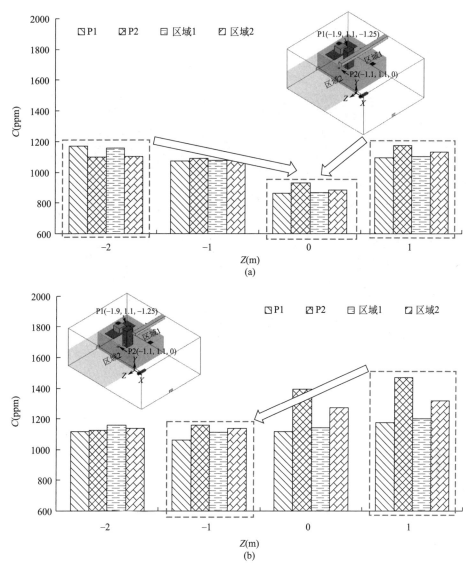

图 8-22　不同污染源位置的污染物浓度*

（a）空气幕长度 3m；（b）空气幕长度 2m

8.4　自循环空气幕的温度分区节能潜力

第 8.2 节和 8.3 节主要分析了室内安装空气幕的污染物控制性能，实际上，空气幕也可以改变热量传输的路径，减少区域之间的热量传输，从而有目的地营造区域之间的较大的温度差异，这样的做法在室内仅局部区域有人时，将可以保障局部人员区域热环境，其余区域的温度可保持较高，从而因非全空间保障而节能。本节分析空气幕在分隔区域热环境实现节能的优势[3]。

建立典型的通风房间，如图 8-23 所示，房间尺寸为 5m（长）×2.5m（宽）×2.5m（高）。房间内有若干工位，每个工位区尺寸为 2.5m（长）×2.5m（宽）×2.5m（高），根据不同的工况设置，工位数可能为 2、3 或 4 个。空气幕入口设置在顶棚，尺寸为 2.5m×0.04m，从下部循环吸取空气，吸风口尺寸为 2.5m×0.1m。每个区域上方各有一个送风口，尺寸为 0.2m×0.15m，下部有一个回风口，尺寸为 0.4m×0.2m。

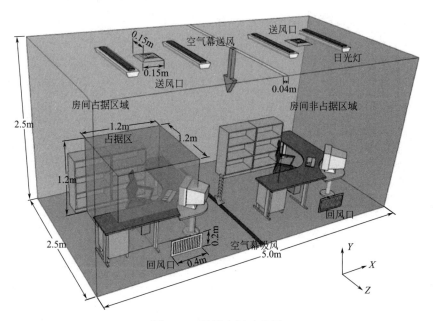

图 8-23　通风房间示意图

空气幕适合于仅有一部分工位占据的场景，设置仅房间的左边区域有人员占据，占据区域为 1.2m×1.2m×1.2m，区域平均温度要求保持在 25℃，采用风量固定、调节送风温度的方式实现温度保障。

采用局部负荷指标[4] 评价气流组织创造区域非均匀环境的有效性，见式（8-1）：

$$Q = c \cdot m_1 \cdot (t_{s1} - t_o) + c \cdot m_2 \cdot (t_{s2} - t_o) \qquad (8\text{-}1)$$

式中，m_1、m_2——占据区域和非占据区域的送风量；

$\quad\quad t_{s1}$、t_{s2}——占据区域和非占据区域的送风温度；

$\quad\quad t_o$——占据区域的平均温度。

非均匀环境下局部冷负荷的降低量表示为式（8-2）：

$$Q_s = Q_{mixing} - Q_{curtain} \qquad (8\text{-}2)$$

式中，Q_{mixing}、$Q_{curtain}$——无空气幕和有空气幕时的局部冷负荷。

基于局部冷负荷指标，进一步建立评价空气幕性能的空气幕效率指标，见式（8-3）：

$$\varepsilon = (Q_{mixing} - Q_{curtain}) / Q_{mixing} \qquad (8\text{-}3)$$

不同于安装在建筑门口的空气幕，房间内部安装空气幕时，占据区和非占据区的温差并不是一个确定的值，它表征的是空气幕维持非均匀环境的能力，如式（8-4）所示：

$$\Delta t = t_u - t_o \qquad (8\text{-}4)$$

式中，t_u——非占据区的平均温度。

空气幕可辅助降低冷负荷，但其自身也耗电，因此提出空气幕的 COP 来评价能效，如式（8-5）所示：

$$COP_C = (Q_{mixing} - Q_{curtain})/N \tag{8-5}$$

式中，N 为空气幕风机能耗，由式（8-6）计算：

$$N = V \cdot P/\eta \tag{8-6}$$

式中，V——空气幕风量；

P——空气幕风压；

η——风机效率。

8.4.1 空气幕出风速度的影响

在背景送风速度为 2.1m/s 情况下，分析不同空气幕出风速度对结果的影响，结果如图 8-24 所示。设置所有墙体为内墙，所有热源位于非占据区，发热量为 750W。当空气幕风速提高时，功率急剧上升，局部冷负荷先降低，然后增加，而非单调降低。

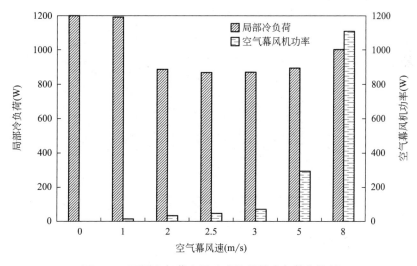

图 8-24 不同空气幕出风速度的局部冷负荷和能耗

图 8-25 展示了空气幕的出风速度对室内热环境的影响。当出风速度为 1m/s 时，空气幕隔离效果较弱，热量容易穿过空气幕。当风速增大到 2m/s 时，热限制效果开始显著。当风速为 2.5m/s 时，空气幕可以维持大于 7℃ 的温度差异。随着出风速度的增加，分隔

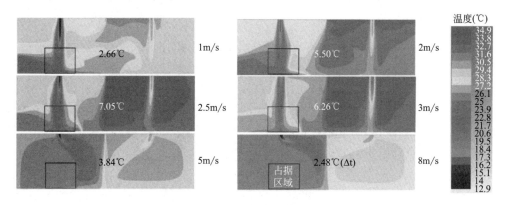

图 8-25 不同空气幕出风速度的温度场（$Z=1.25$m）*

界面更像直线，送风气流会被空气幕射流吸引，当空气幕出风速度很高时，区域间温差反而变小。

不同空气幕出风速度下的空气幕效率和 *COP* 如图 8-26 所示。可以看到，当空气幕出风速度从 1m/s 增加到 2m/s 时，空气幕的效率和 *COP* 均有一个很大的提升。最大的空气幕效率在速度为 2.5m/s 时获得，此时的效率相比于常规安装在门口的空气幕（一般出风速度高于 10m/s）要小很多。更高的空气幕出风速度将导致更多的风机能耗，以及两侧空气的卷吸和提升房间空气的混合。因此，合适的空气幕风速可以获得较好的结果，此时空气幕效率为 27.8%，*COP* 接近 10。

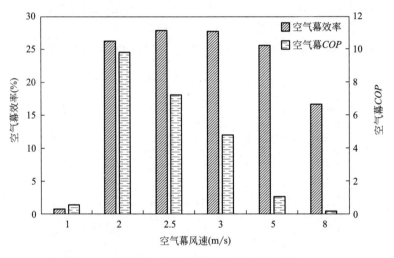

图 8-26　不同空气幕出风速度的空气幕效率和 *COP*

8.4.2　背景通风的影响

空气幕隔离效果发挥作用，意味着背景通风量有可能降低，图 8-27 展示了在空气幕出风速度为 2.5m/s 时，背景送风速度在 1.2~2.7m/s 之间变化的结果。空气幕的效率先

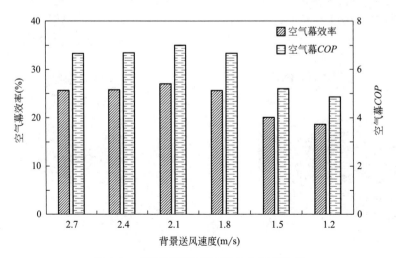

图 8-27　不同背景送风速度的空气幕性能

增加后降低，意味着背景送风速度可以在一定程度上降低，但背景通风量不足可能导致空气幕的效果变差。空气幕出风速度 2.5m/s 和背景送风速度 2.1m/s 被选作本研究的优化参数，用于后续分析。

8.4.3　热源特征的影响

在所有墙体为内墙，内部热源强度为 60W/m² 时，非占据区热量占比从 0～100％ 变化时的结果见图 8-28。当大部分热量位于非人员占据区域时，空气幕能更好地创造大温差，降低局部冷负荷。当所有热量聚集在占据区域时，对于空气幕发挥作用最为不利。然而，即使在最不利情况下，空气幕始终有一定效果。

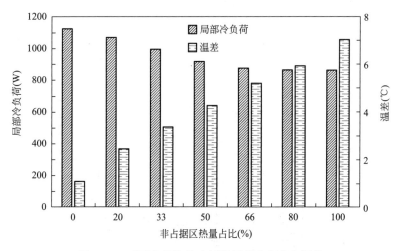

图 8-28　不同内部热量比例的局部冷负荷和温差

进一步考虑外墙的影响，室外温度设置为 34℃，墙体传热系数设置为 1.94W/（m² · K），结果见图 8-29。与全部内墙条件相比，外墙条件下空气幕效率的变化趋势一致。当非占据区域内有外墙时，空气幕效率显著高于全部为内墙的情况。一方面，空气幕射流可以阻止外部的热量进入占据区，另一方面，如图 8-30 所示，随着在非占据区内的热量比例增加，由于该区域的温度升高，外墙传热量将会降低。当所有的内部热量处于非占据区时，区域温度高达 32℃，接近于室外温度。通过外墙的传热量从 528W 降低到 189W，导致更大的节能潜力。然而，即使所有的内部热量都处于占据区域，空气幕对于降低非占据区墙体的传热量也是有用的。

8.4.4　总热源强度的影响

通过 3 类非占据区热源比例 0、50％、100％，内部热源强度从 30～120W/m² 变化来分析总的热源强度的影响。空气幕效率和 COP 如图 8-31、图 8-32 所示。各工况下，空气幕效率和 COP 随着非占据区的热量比例增加，该趋势不随热量的总量改变。然而，在每个热量比例下，不同的总发热强度的空气幕效率和 COP 不同。空气幕效率随总热量增加而降低，而 COP 随之提高。最高的空气幕效率为 52.7％，最高的 COP 可达 21.9。空气幕对于非占据区有外墙的情况节能潜力更大。

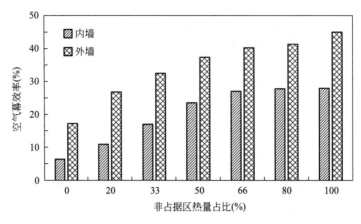

图 8-29 内墙和外墙条件的空气幕效率对比

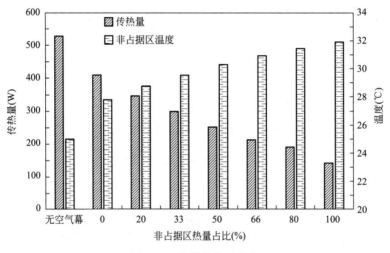

图 8-30 外墙传热量变化

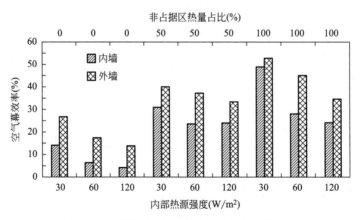

图 8-31 不同热量比例和强度下的空气幕效率

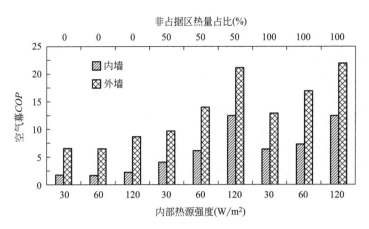

图 8-32　不同热量比例和强度下的空气幕 COP

8.4.5　工位数的影响

房间内设置 2～4 个工位，分析工位数量的影响，结果如图 8-33 所示，此时，仅非占据区内有热源，热源强度为 $60W/m^2$。随着工位数增加，空气幕效率和 COP 均增加，无论内墙还是外墙工况。最大的空气幕效率和 COP 分别为 69.3％ 和 57.7，发生在 4 个工位且有外墙情况下。可见，空气幕对于多工位空间中人员仅占据小部分区域时特别适用。

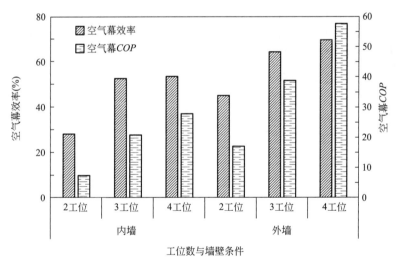

图 8-33　不同工位数下的空气幕性能

图 8-34 展示了不同工位数时的温度场。在空气幕的隔离作用下，占据区与非占据区形成了很大的温差，非占据区的平均温度可维持在 32.5℃。距离占据区越远，温度越高。增加工位数量对于空气幕的隔离效果并无显著影响，热量可限制在占据区之外，这意味着空气幕可在大空间中构建局部小区域的舒适环境。

通过上述分析，空气幕性能受热源特征影响显著。当热源在非占据区占有很大比例

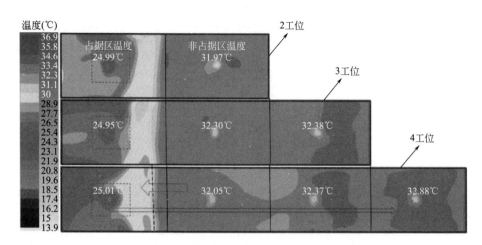

图 8-34　不同工位数下的温度场（Y＝1m）*

时，空气幕性能较好。如果总的热源强度很大，空气幕可隔离更多的热量传递。

8.5　本章小结

本章针对循环空气幕进行室内区域隔离的效果进行分析，主要结论如下：

（1）当在通风基础上增加全长循环空气幕时，即使空气幕会对室内受污染空气进行循环输送，也可显著降低保护区污染。随着空气幕出风速度从 0.5m/s 增加到 4m/s，对污染的遏制作用先增后减。对于 0.06m 的空气幕射流宽度而言，空气幕出风速度 1m/s 可起到有效的空气动力学屏障作用。在 600s 时，保护区内的平均污染物浓度降低了 66%。空气幕的吸风口吸风加强了所在区域的送风射流偏转和涡旋。当空气幕从其下方的地面吸取空气时，表现出更好的性能。减少保护区域的尺寸并不能显著提高区域保护能力。

（2）增设不完全循环空气幕也可减少保护区内的污染。空气幕覆盖的子区和未完全覆盖的子区的污染物浓度可分别降低 30.8% 和 43.9%。当空气幕长度超过污染源位置时，可以防止高污染空气直接侵入保护区。不同的空气幕吸风位置导致了高达 26.1% 的相对污染物浓度偏差。在由送风射流、循环空气幕射流和排风口周围气流产生的耦合流场下，全长空气幕不一定是更好的选择。

（3）空气幕系统营造区域热环境的效率很高，空气幕两侧温差可高达 7.4℃。可以减少空气幕和背景通风的风量以节能。当热量主要集中于非占据区域以及非占据区域内有外墙时，采用空气幕更有效。

第 8 章参考文献

[1] Shao X，Wen X，Paek R，et al. Use of recirculated air curtains inside ventilated rooms for the isolation of transient contaminant [J]. Energy and Buildings，2022，273：112407.

[2] Liu Y，Qiu K，Shao X，et al. Effect of a recirculated air curtain with incomplete coverage of room width on the protection zone in ventilated room [J]. Building and Environment，2022，219：109219.

［3］ Shen C，Shao X，Li X. Potential of an air curtain system orientated to create non-uniform indoor thermal environment and save energy ［J］. Indoor and Built Environment，2017，26 (2)：152-165.

［4］ Liang C，Shao X，Melikov A K，et al. Cooling load for the design of air terminals in a general non-uniform indoor environment oriented to local requirements ［J］. Energy and Buildings，2018，174：603-618.

第 **9** 章
总结与展望

本书对面向对象差异化需求的非均匀室内环境相关问题的研究进行了介绍，主要工作总结如下：

（1）建立了基于固定流场下线性叠加原理的差异化室内环境参数分布表达式，重点分析了任意初始条件瞬态影响的预测方法，探明了浮升力影响下线性叠加关系的适应性。

（2）理论分析了气流自循环装置对室内参数分布的定量影响，建立了考虑自循环影响的修正可及度指标和差异化室内环境参数分布表达式。

（3）提出了评价气流组织营造差异化室内环境潜力的送风差异度指标，对典型气流组织的营造潜力进行了评价分析，为差异化非均匀室内环境的营造提供了评价方法。

（4）提出了非均匀环境下多个恒定源释放的源数量、位置、强度辨识方法，为非均匀环境控制中的溯源问题提供了理论方法。

（5）提出了面向多位置或区域差异化需求的送风优化方法，为非均匀环境的预测性控制提供了基础方法。

（6）探索了现有气流分布形式在多个子区域之间实现差异化热环境的潜力，为面向差异化需求的新型气流分布形式的设计提供了参考。

（7）探索了空气幕维持区域之间差异化参数的效果，揭示了即使在空气幕自循环或者区域之间空气幕覆盖不完全情况下，也可有效维持保障区域与非保障区域的参数差异，为空气幕灵活设置营造差异化非均匀环境提供了参考。

本书相关工作还处于起步阶段，面向未来还需开展以下工作：

（1）建立更多可灵活使用的非均匀环境参数预测方法

本书基于固定流场下线性叠加理论建立了室内非均匀环境的预测关系式，利用其中的可及度指标可对室内非均匀环境的构成特征进行解耦分析。但固定流场的设定条件会弱化浮升力影响，在一些情况下可能存在不可忽略的偏差。有必要研究并建立更多表达简洁、容易使用的预测方法。目前基于数据驱动的机器学习算法已在各领域开始应用，可对目标建筑的空气参数关系进行训练，获得想要的非均匀环境预测方法。

（2）提出面向应用的非均匀环境末端和气流组织设计方法

由于保障目标不再是整体空间，而是目标位置或区域，需要的送风末端类型、尺寸、送风速度等与现有末端应有所不同，送风口、回风口的布局也可能变化较大，因此，有必要开发面向差异化多区域需求的新型送风末端，以及设计新型的气流组织形式，并由此建立新的气流组织设计方法。

（3）智能感知技术在非均匀环境营造中的应用

基于图像等技术进行人员识别已经应用较为广泛，人员实际位置信息的实时获取已经成为可能，因此，可实时获得空间的需求位置，为非均匀环境控制提供清晰的保障目标。

（4）提出面向非均匀环境的模型预测性控制方法

本书提出了基于线性叠加理论的源辨识方法和送风优化方法，这些是构建预测性控制方法的基础，一方面可进一步研究更多源辨识和送风优化方法，另一方面，需要最终建立可进行实时调控的非均匀环境预测性控制方法，实现全面的系统控制。

（5）非均匀环境系统的工程实践

目前差异化非均匀环境的设计以个性化通风为代表，但受其自身特点所限，实际应用较少；基于图像人员定位技术进行区域风量调节的研究和实践陆续增多，但在控制层面还不深入。伴随非均匀环境相关研究的日趋深入，需要有更多的新型末端、气流组织，以及更多的智慧控制算法应用于建筑空间进行差异化非均匀环境营造。